# 经典小别墅

## 设计与施工图集 附视频 ▶

住宅公园　组织编写

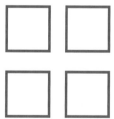

化学工业出版社

·北京·

本书依托知名自建房平台——住宅公园，从千余套图纸中精心遴选了42套广受业主喜爱的热门小别墅设计案例，分为现代、中式、欧式三种接受度高的建筑风格，通过效果图、平面图、立面图、剖面图及大样节点详图等全方位的展示，为设计师和准备建造小别墅的业主提供设计和施工参考。同时，书中对绝大部分案例还附有二维码，读者扫码不仅可以观看设计方案360°动态效果图展示，还可以下载详细的CAD图纸，直观易懂、方便快捷。

本书可供小别墅业主参考，也可供从事小别墅设计与施工的专业人员参考使用。

**图书在版编目（CIP）数据**

经典小别墅设计与施工图集：附视频/住宅公园组织编写.—北京：化学工业出版社，2020.2(2025.1重印)
ISBN 978-7-122-35850-9

Ⅰ.①经… Ⅱ.①住… Ⅲ.①别墅-建筑设计-图集
②别墅-工程施工-图集 Ⅳ.① TU241.1-64

中国版本图书馆CIP数据核字(2019)第278226号

责任编辑：彭明兰　　　　　装帧设计：史利平
责任校对：张雨彤

出版发行：化学工业出版社（北京市东城区青年湖南街13号　邮政编码100011）
印　　装：河北京平诚乾印刷有限公司
880mm×1230mm　1/16　印张16　字数409千字　2025年1月北京第1版第16次印刷

购书咨询：010-64518888　　　　　售后服务：010-64518899
网　　址：http://www.cip.com.cn
凡购买本书，如有缺损质量问题，本社销售中心负责调换。

定　价：98.00元

# 前　言

　　建房是人生一件大事，不仅要耗费大量的资金，而且凝聚着全家人的心血。随着人们生活水平的逐步提高，如今自建房不仅仅以满足单一的居住功能需求为目的，风格、造型、布局、装饰等各种要素缺一不可，美观舒适的独栋小别墅成为自建房的首选。但小别墅的外观式样繁多，空间设计也各不相同，施工相对于普通大众来说较为复杂。因此，想要自己建造宜居的小别墅，不仅要选择自己喜爱的外观造型，更要仔细了解内部空间和结构做法。

　　本书遴选了 40 余套自建小别墅的设计案例，并按照现代风格、中式风格、欧式风格进行了分类，使读者可以快速定位符合内心需求的外观样式。同时书中内容划分为两大部分，上篇为小别墅的效果图及彩色立面图，从各个角度直观展现了小别墅的外貌，直观性强；下篇为与之匹配的施工图，包括平面图、立面图、剖面图、节点图等方面的构造详图，可以帮助读者对小别墅的内部结构进行更加细致地了解，并且可以参考运用，实用性更强。为了让读者阅读更为直观，使用更加方便，本书绝大部分案例可以扫码观看 360°旋转视频，且每个案例的详细 CAD 图纸可以通过扫描本书前言中的二维码进行下载，也可发邮件至 kejiansuoqu@163.com 索取。

　　本书由住宅公园组织编写，方远传、兰东东参与编写。

　　由于编者水平有限，虽投入了大量精力整理、勘校，但书中存在的疏漏之处还是在所难免，敬请广大读者批评、指正。

扫描二维码下载本书案例详细图纸，或者
发邮件至 kejiansuoqu@163.com 索取。

详解图二维码

# 目录

## 欧式风格

## 下篇　设计图

## 现代风格

## 中式风格

## 欧式风格

# 方案

## 整体介绍

整栋别墅外表简洁，配有大面积的落地窗，可以最大限度地使光线进入室内，增加整体空间的明亮感与通透感。

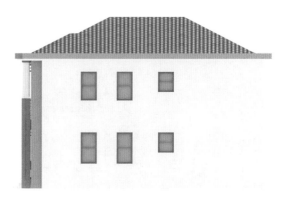

◆ 东

◆ 南

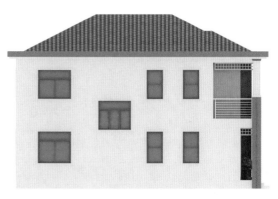

◆ 西

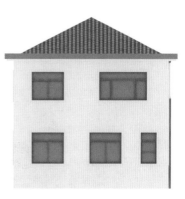

◆ 北

扫码看全景效果

# 方案 2

现代风格　两层　建筑面积约202m²（本方案设计图见046页）

## 整体介绍

这套别墅在屋顶增加了小花园，使原本有些平淡的屋顶顿时增添了不少生机。在整体建筑的周围，还增加了装饰性木材，绿色的植物缠绕在上面，使得整栋建筑生机勃勃。

扫码看全景效果

◆ 东

◆ 南

◆ 西

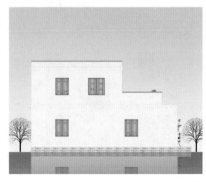

◆ 北

# 方案 3

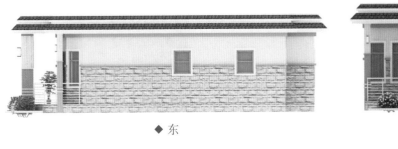

◆ 东

◆ 南

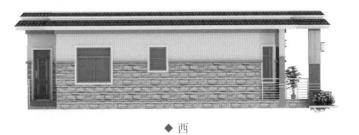

◆ 西

◆ 北

## 整体介绍

别墅整体为单层，窗户面积大，采光效果好。周围种植了各类花草等植物，与别墅交相辉映，充满生机。

扫码看全景效果

# 方案 4

现代风格　三层　建筑面积约 263m² （本方案设计图见 054 页）

## 整体介绍

别墅外观以黑、白、灰为主，又加入原木色作为辅助颜色，整体效果简洁又有自然气息。巨大的落地窗不仅美观且会使得室内采光效果更好。

扫码看全景效果

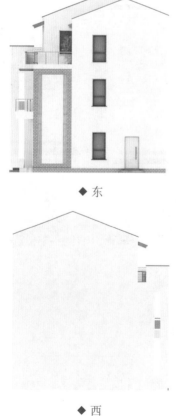

◆ 东

◆ 南

◆ 西

◆ 北

# 方案 5

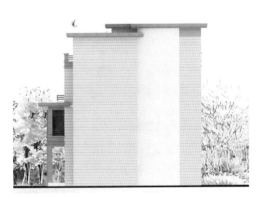

◆ 东

◆ 南

◆ 西

◆ 北

## 整体介绍

别墅以白色、蓝色以及浅棕色为主，既雅致又充满时尚感。

扫码看全景效果

# 方案 **6**

现代风格　两层　建筑面积约 252m² （本方案设计图见 064 页）

## 整体介绍

这套别墅的设计朴素、自然，
结构整体比较方正，空间利
用率高。坡屋顶与窗檐、雨
篷、墙裙采用统一色系的不
同材质，让别墅外观既协调，
又通过质感做了区域划分。

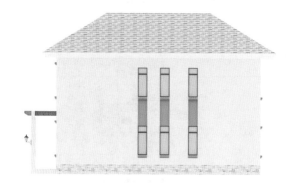

◆ 东

◆ 南

扫码看全景效果

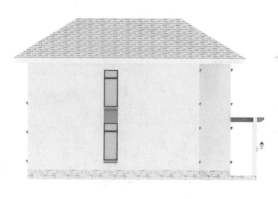

◆ 西

◆ 北

# 方案 7

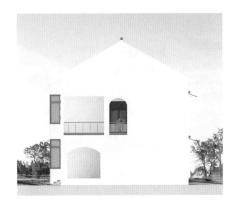

◆ 东

◆ 南

◆ 西

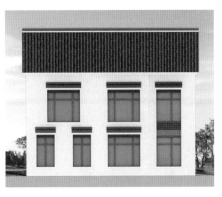

◆ 北

## 整体介绍

这套别墅占地面积不算太大，也没有华而不实的装饰，一切以实用为出发点，用干净清新的建筑配色，经典利落的建筑形态，打造出一套更为合适于广大农村建造的乡间小墅。

扫码看全景效果

# 方案 日

现代风格　三层　建筑面积约 421m² （本方案设计图见 074 页）

## 整体介绍

别墅外观设计简约现代，除
超大玻璃窗外，阳台、露台
围栏也全部使用玻璃围挡，
增加视觉的通透感。

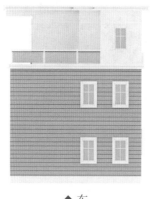

◆ 东

◆ 南

扫码看全景效果

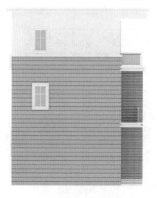

◆ 西

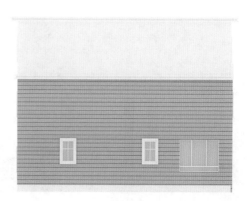

◆ 北

# 方案 **9**

## 整体介绍

别墅整体颜色以米黄色为主，简约大方，搭配黑色窗框，又充满时尚感。

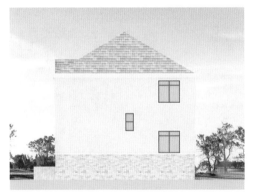

◆ 东

◆ 南

◆ 西

◆ 北

# 方案 **10**

现代风格　三层　建筑面积约 350m² （本方案设计图见 085 页）

## 整体介绍

别墅为三层，有更多的居住空间、更多的起居活动用房，全面满足大家庭多人口的居住需求，同时提升居住品质。别墅二层阳台全部采用透明的玻璃护栏，通透度好，更不影响采光；外立面设计电路走线，落成后可安装装饰灯，夜幕下点亮，温馨雅致。

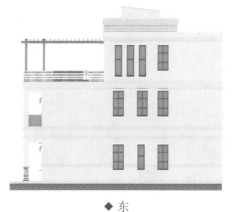

◆ 东

◆ 南

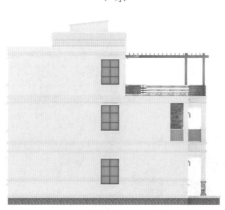

◆ 西

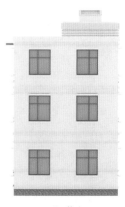

◆ 北

## 整体介绍

别墅外观为现代简约风格，精简干练的现代线条，不冗长、不复杂，呈现出淡雅理性的现代美。

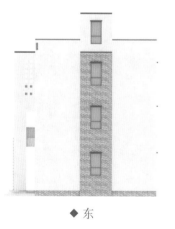

◆ 东

◆ 南

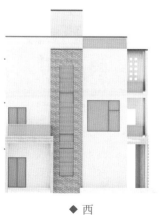

◆ 西

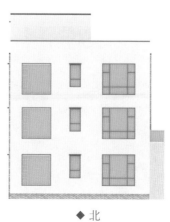

◆ 北

扫码看全景效果

# 方案 12

现代风格　三层　建筑面积约325m² （本方案设计图见094页）

## 整体介绍

别墅外观以白色为主，二层、三层的围栏使用了玻璃，给人以更加简约的视觉感受，现代感十足。

◆ 东

◆ 南

◆ 西

◆ 北

扫码看全景效果

# 方案 13

## 整体介绍

别墅为现代三层别墅，色彩简单、线条简约，但多层次的建筑形态让别墅不拘一格，极具特色。

◆ 东

◆ 南

◆ 西

◆ 北

扫码看全景效果

# 方案 14

现代风格　三层　建筑面积约 450m² （本方案设计图见 104 页）

## 整体介绍

别墅整体为三层，外观设计充满现代感，造型简约美观。楼顶的天台可供居住者眺望远方。

◆ 东

◆ 南

◆ 西

◆ 北

扫码看全景效果

# 方案 **15**

## 整体介绍

别墅外观简洁大方，施工难度较低。一层入户门处设置了雨搭，较为人性化。

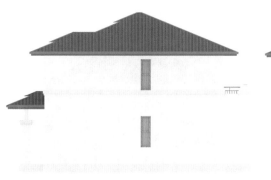

◆ 东

◆ 南

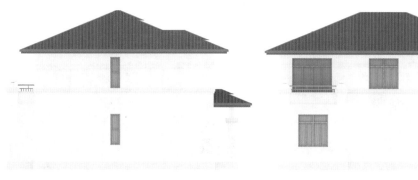

◆ 西

◆ 北

# 方案 16

现代风格　两层　建筑面积约302m²（本方案设计图见116页）

## 整体介绍

经典的小洋楼外观，是乡村建房常见的样式之一。它清新美观，成本较低，没有过多的立面装饰及复杂工艺，降低了施工难度。

扫码看全景效果

◆ 东

◆ 南

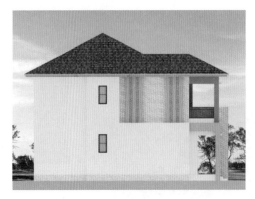

◆ 西

◆ 北

# 方案 17

## 整体介绍

别墅外观造型简洁，配色和谐，是典型的带有现代简约风格的建筑。

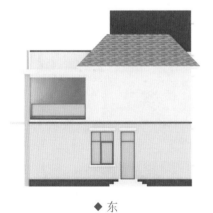

◆ 东

◆ 南

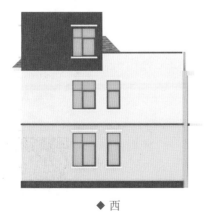

◆ 西

◆ 北

扫码看全景效果

# 方案 18

现代风格　两层　建筑面积约 366m²（本方案设计图见 127 页）

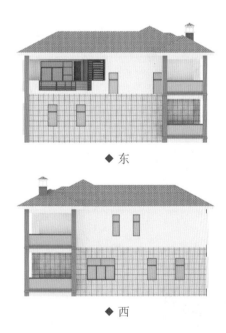

◆ 东

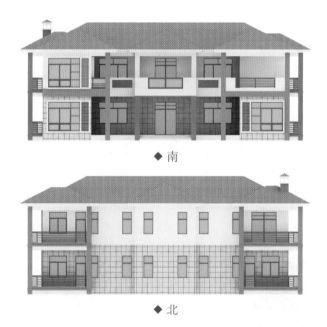

◆ 南

◆ 西

◆ 北

## 整体介绍

充足的宅地面积，使得别墅的外观样式有更多的选择，此案例为三合院式的

别墅外观，围合的建筑形态，大气美观。

扫码看全景效果

现代风格　两层　建筑面积约 257m² （本方案设计图见 133 页）

## 整体介绍

超大面积的落地采光窗，不仅让别墅更加整洁美观，而且使室内的采光更加充分。

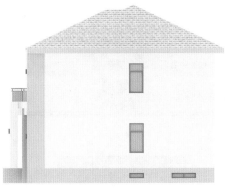

◆ 东

◆ 南

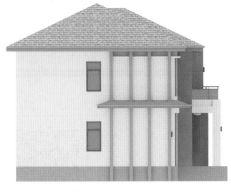
◆ 西

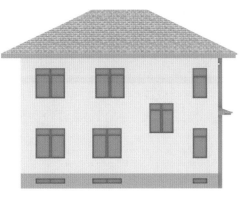
◆ 北

扫码看全景效果

# 方案20

中式风格　两层　建筑面积约 1122m² （本方案设计图见 138 页）

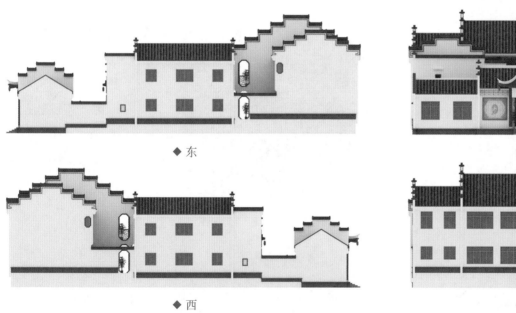

◆ 东

◆ 西

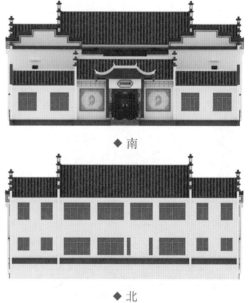

◆ 南

◆ 北

## 整体介绍

白墙青瓦的设计，充满徽派建筑的特色，古色古香，置身其中，
心旷神怡。

扫码看全景效果

# 方案 21

## 整体介绍

木栅格围栏的设计，充满中式风格的韵味，大面积朝南的窗户，使室内采光更好。

◆ 东

◆ 南

◆ 西

◆ 北

# 方案22

中式风格　两层　建筑面积约266m²（本方案设计图见156页）

## 整体介绍

没有繁复的造型，没有绚烂的配色，不过是用简单的黑白两色，使得房子有了自持而清雅的气质。

◆ 东

◆ 南

扫码看全景效果

◆ 西

◆ 北

# 方案 23

## 整体介绍

常见百搭的白墙让房子形成一个独立封闭的区域，能形成有效的社区边界，创造领域感和归属感，符合人的心理需求。

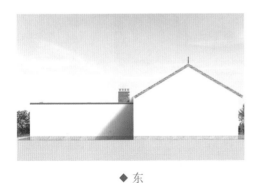

◆ 东

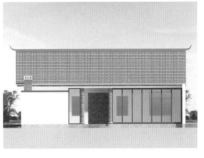
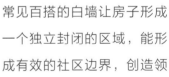

◆ 南

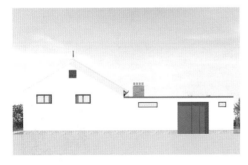

◆ 西

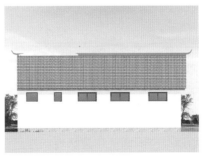

◆ 北

# 方案 24

中式风格　一层　建筑面积约 147m² （本方案设计图见 168 页）

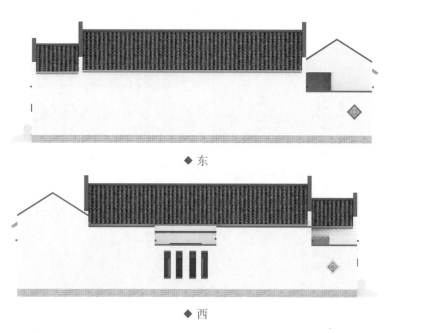

◆ 东

◆ 南

◆ 西

◆ 北

## 整体介绍

跟传统围合式庭院不同，用多个小空间营造前院、中庭和后院，让大部分
室内空间在窗户处都有景可赏，也给建筑空间增加了趣味性和接近自然的
场所。

扫码看全景效果

# 方案 25

中式风格　一层　建筑面积约 300m² （本方案设计图见 174 页）

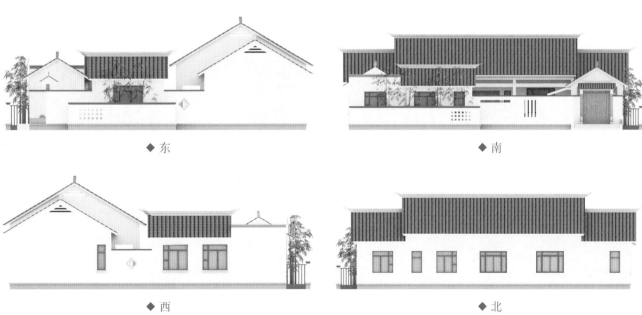

◆ 东　　　　　　　　　　　　◆ 南

◆ 西　　　　　　　　　　　　◆ 北

## 整体介绍

继承传统的合围式建筑形态，保留经典的黛瓦白墙，展现温婉的合院形象和水墨般的清淡之美。规整的外观传递出匀称的审美格调，力求精简，展现真实之美。

扫码看全景效果

# 方案 26

中式风格　三层　建筑面积约553m²（本方案设计图见 178 页）

## 整体介绍

合围式的中式建筑形态，简洁的白墙黛瓦，传神地表现了中国传统民居的诗情画意，展现了天人合一的协调之美。传统的建筑形态，结构上更加简约明了，清晰明朗的现代建筑工艺焕发了中式房屋的韵味美，也更便于自建和控制造价。

扫码看全景效果

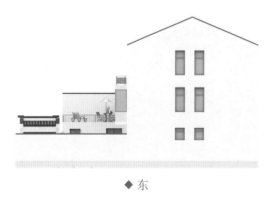

◆ 东

◆ 南

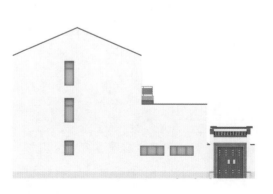

◆ 西

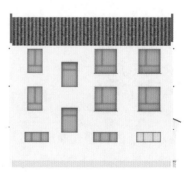

◆ 北

# 方案 27

中式风格　一层　建筑面积约 162m² ( 本方案设计图见 184 页 )

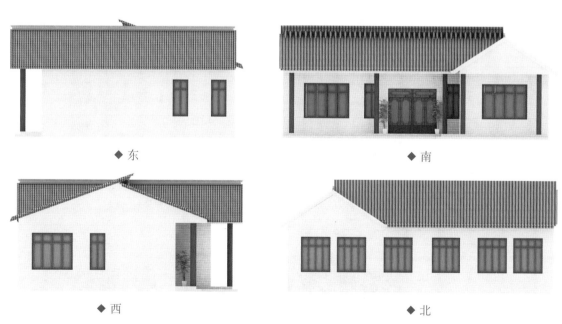

◆ 东　　◆ 南

◆ 西　　◆ 北

## 整体介绍

这套平层别墅面积不大，三室两厅，经济实用，满足刚性建房需求的家庭以及少人口家庭建造居住。基础配色，利落干净，实用经济。

扫码看全景效果

# 方案 28

中式风格　三层　建筑面积约 427m² （本方案设计图见 189 页）

## 整体介绍

别墅整体为极简中
式外观，黛瓦白墙
的轻描淡写间，却
自有一份如写意山
水画般的文墨雅韵。

◆ 东

◆ 南

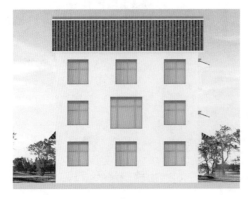

◆ 西

◆ 北

扫码看全景效果

# 方案 29

## 整体介绍

别墅外形是较为明显的欧式风格，总共有三层，窗的面积较大，有利于室内采光。

◆ 东

◆ 南

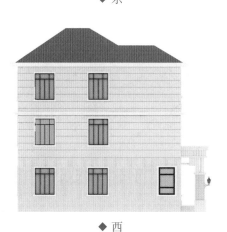

◆ 西

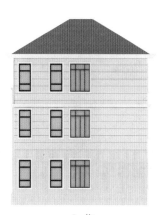

◆ 北

扫码看全景效果

# 方案30

欧式风格　三层　建筑面积约 1005m² （本方案设计图见 200 页）

## 整体介绍

别墅外观以红、白两色为主，色彩较为浓烈，造型较为复杂且美观。

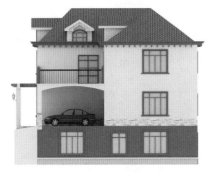

◆ 东

◆ 南

扫码看全景效果

◆ 西

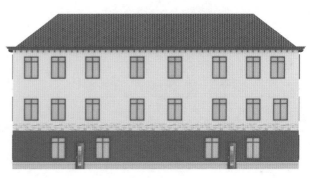

◆ 北

# 方案 **31**

欧式风格　三层　建筑面积约 464m² (本方案设计图见 205 页)

## 整体介绍

干净利落的建筑风格，极有简约美感，搭配多开窗设计，让房子更显通透大气，提升别墅质感。

◆ 东

◆ 南

◆ 西

◆ 北

扫码看全景效果

# 方案 32

欧式风格　两层　建筑面积约380m²（本方案设计图见210页）

## 整体介绍

别墅为高贵大气的对称布局的意式别墅，给人以一种大气恢弘、沉稳殷实之感，符合业主对别墅的要求及定位。

◆ 东

◆ 南

扫码看全景效果

◆ 西

◆ 北

# 方案 **33**

◆ 东　　　　　　◆ 南　　　　　　◆ 西　　　　　　◆ 北

## 整体介绍

简欧风格外观，带给人高贵大气的印象；米色墙面红色屋顶的经典搭配，经久不衰；别墅立面的方形采光窗、飘窗及拱形落地窗等造型不仅优化了室内采光，更加丰富了立面效果，使外观看起来考究美观，富有设计感。

# 方案 34

欧式风格　三层　建筑面积约309m²（本方案设计图见221页）

## 整体介绍

这是一套占地方正、宅地利用率高的三层别墅，外观采用二段式颜色搭配，浓郁的田园感传达着乡村富足悠然的生活状态；别墅格局设计着重考虑到居住的品质，健身房、棋牌室、阳台、露台一应俱全。这套方案非常符合当下很多建房居住的需要。

扫码看全景效果

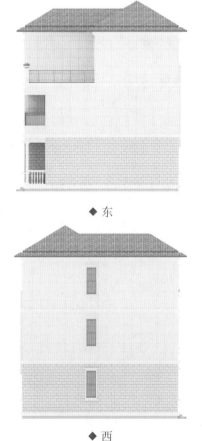

◆ 东

◆ 南

◆ 西

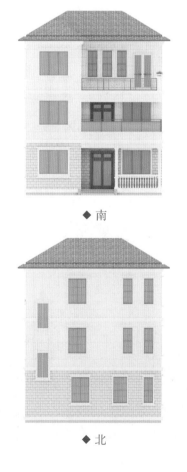

◆ 北

# 方案 35

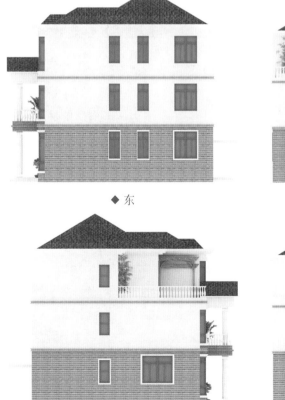

## 整体介绍

红白蓝的配色，清新醒目，搭配简易的欧式立柱，更显精致美观。南立面的多面窗户设计为多边形采光窗，增加了采光效果。

◆ 东

◆ 南

◆ 西

◆ 北

扫码看全景效果

# 方案 36

欧式风格　两层　建筑面积约221m² （本方案设计图见228页）

## 整体介绍

选用米黄和淡黄的深浅过渡，表达一种循序渐进的层次美感，挺拔的罗马柱和大气的坡屋顶设计，让房子整体更增质感，彰显别墅的非凡品质。

◆ 东

◆ 南

扫码看全景效果

◆ 西

◆ 北

# 方案 37

欧式风格　两层　建筑面积约 293m² （本方案设计图见 232 页）

## 整体介绍

别墅整体造型简洁，
弧形的门与窗更增
添了欧式风格特有
的典雅之感。

◆ 东

◆ 南

◆ 西

◆ 北

扫码看全景效果

# 方案 33

欧式风格　三层　建筑面积约 289m²（本方案设计图见 235 页）

## 整体介绍

别墅简约又复古的
造型，以及罗马柱
和坡屋顶，都充满
了欧式风情。

◆ 东

◆ 南

◆ 西

◆ 北

# 方案 39

◆ 东　　　　　　◆ 南　　　　　　◆ 西　　　　　　◆ 北

## 整体介绍

本套别墅为四层，弧形窗以及罗马柱造型充满欧式古典风情。

扫码看全景效果

# 方案 40

欧式风格　一层　建筑面积约 183m² （本方案设计图见 241 页）

◆ 东

◆ 南

◆ 西

◆ 北

## 整体介绍

别墅常见的砖混结构，房子物美价廉；墙裙采用文化石装饰，质朴又美观；

采用便于排水的坡屋顶，打理维护起来也很方便。

扫码看全景效果

# 方案 41

## 整体介绍

欧式雕花的大门以及罗马柱，彰显着欧式风情。屋顶设计为平屋顶超大露台，方便居住者在此小憩。

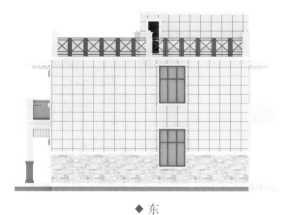

◆ 东

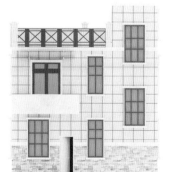

◆ 南

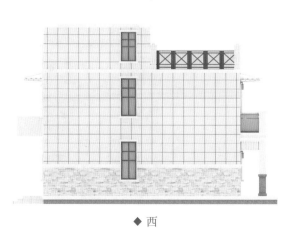

◆ 西

◆ 北

扫码看全景效果

# 方案 42

欧式风格　三层　建筑面积约279m²（本方案设计图见248页）

## 整体介绍

别墅为简欧式的三层别墅；虽为欧式，但线条元素极为精简，即保留了欧式的招牌特点，又不会增加施工难度和给预算造价造成负担。

扫码看全景效果

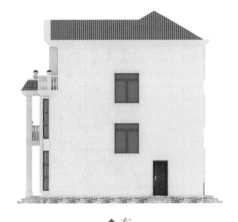

◆ 东

◆ 南

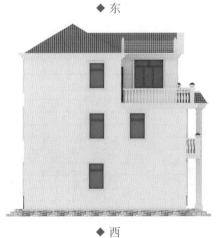

◆ 西

◆ 北

# 方案 1

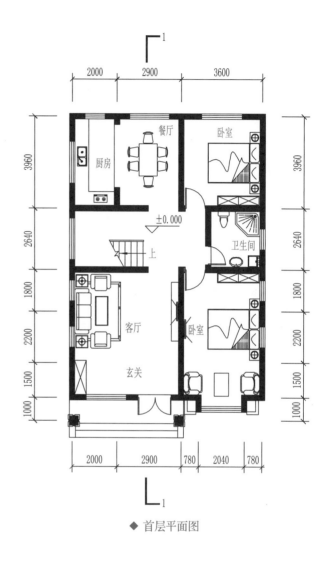

◆ 首层平面图

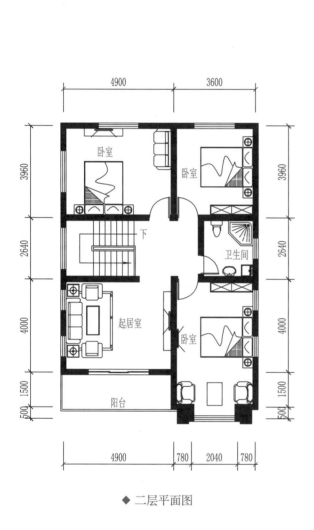

◆ 二层平面图

## 平面图分析

户型设计较为方正，一、二层共设有五间卧室，保证具有足够的居住空间，亲朋好友前来做客时也有可以休息的地方。二楼的阳台视野宽阔，既可以挂晒衣物，也可以放置一把躺椅，在此度过愉快的休闲时光。

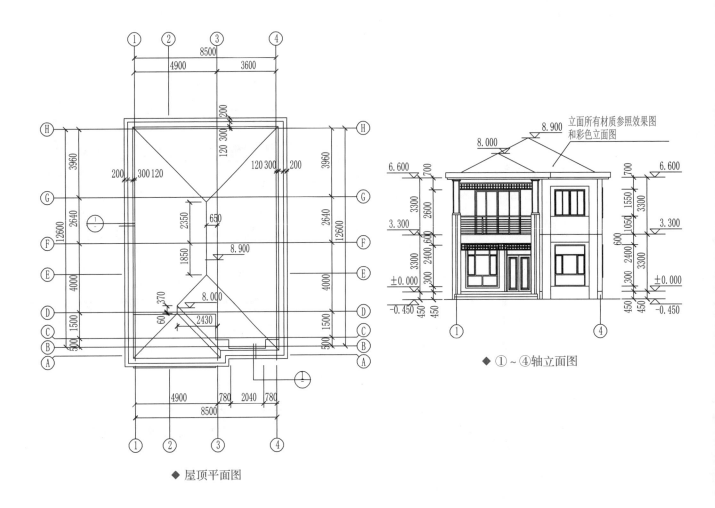

◆ 屋顶平面图

◆ ①～④轴立面图

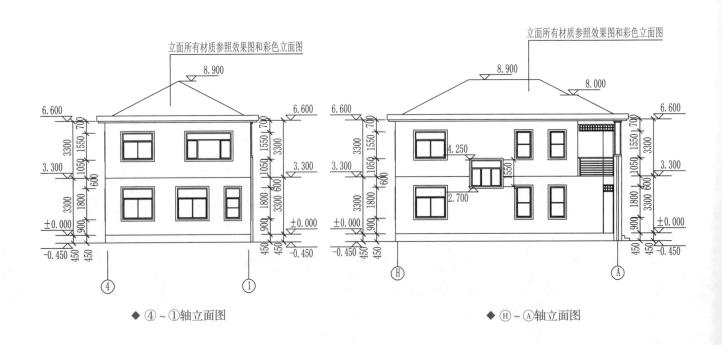

◆ ④～①轴立面图

◆ H～A轴立面图

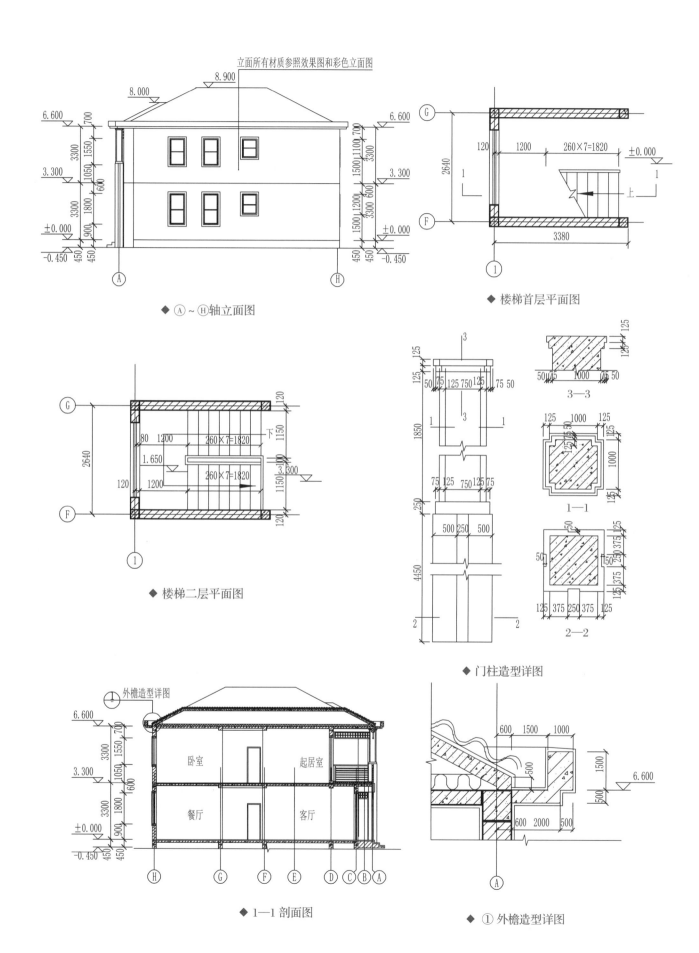

立面所有材质参照效果图和彩色立面图

◆ Ⓐ～Ⓗ轴立面图

◆ 楼梯首层平面图

◆ 楼梯二层平面图

◆ 门柱造型详图

◆ 1—1 剖面图

◆ ① 外檐造型详图

045

# 方案 2

现代风格　两层　建筑面积约202m²（本方案效果图见002页）

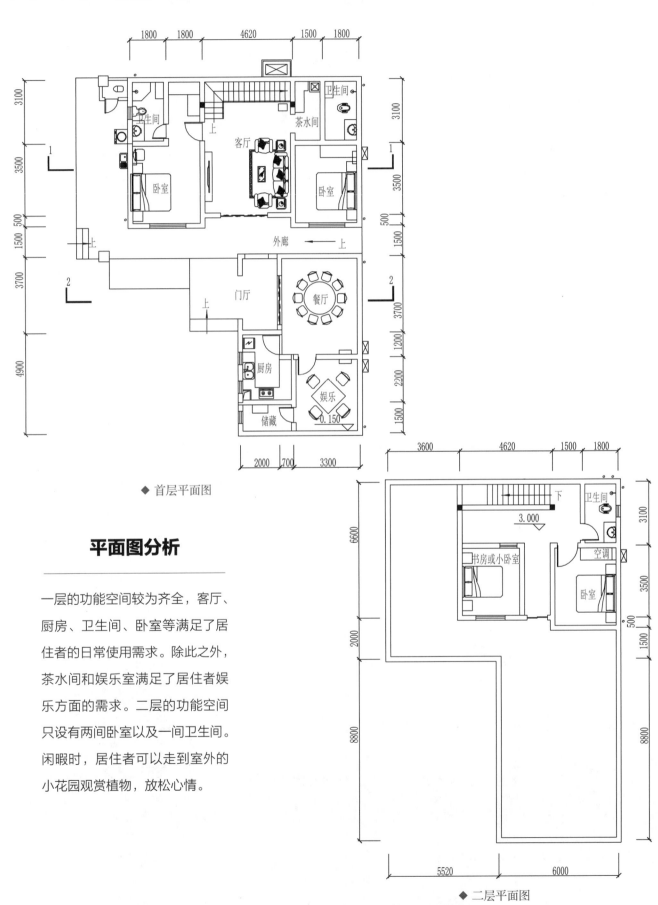

◆ 首层平面图

## 平面图分析

一层的功能空间较为齐全，客厅、厨房、卫生间、卧室等满足了居住者的日常使用需求。除此之外，茶水间和娱乐室满足了居住者娱乐方面的需求。二层的功能空间只设有两间卧室以及一间卫生间。闲暇时，居住者可以走到室外的小花园观赏植物，放松心情。

◆ 二层平面图

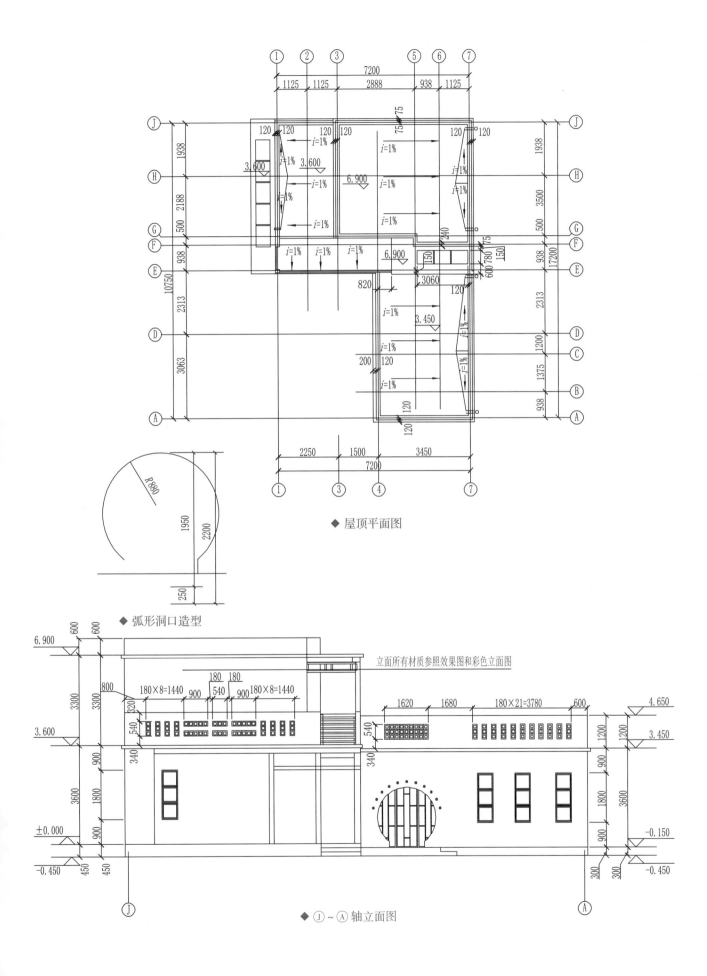

◆ 屋顶平面图

◆ 弧形洞口造型

立面所有材质参照效果图和彩色立面图

◆ Ⓙ～Ⓐ轴立面图

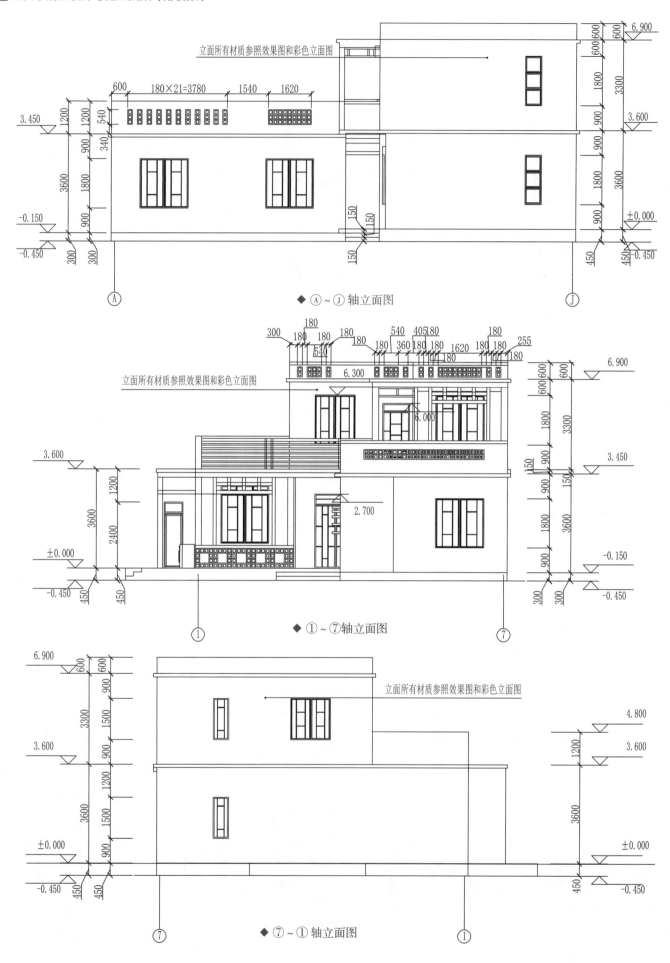

◆ Ⓐ～Ⓙ轴立面图

◆ ①～⑦轴立面图

◆ ⑦～①轴立面图

立面所有材质参照效果图和彩色立面图

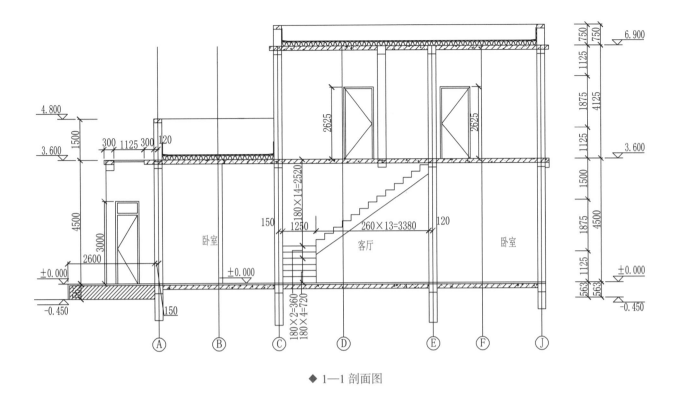

◆ 1—1 剖面图

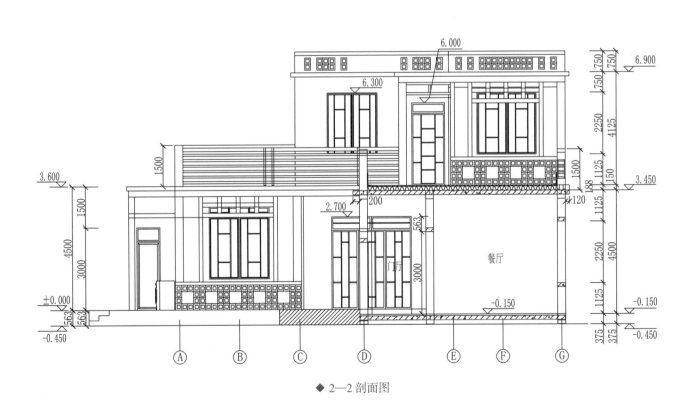

◆ 2—2 剖面图

# 方案 3

现代风格　一层　建筑面积约 154m² （本方案效果图见 003 页）

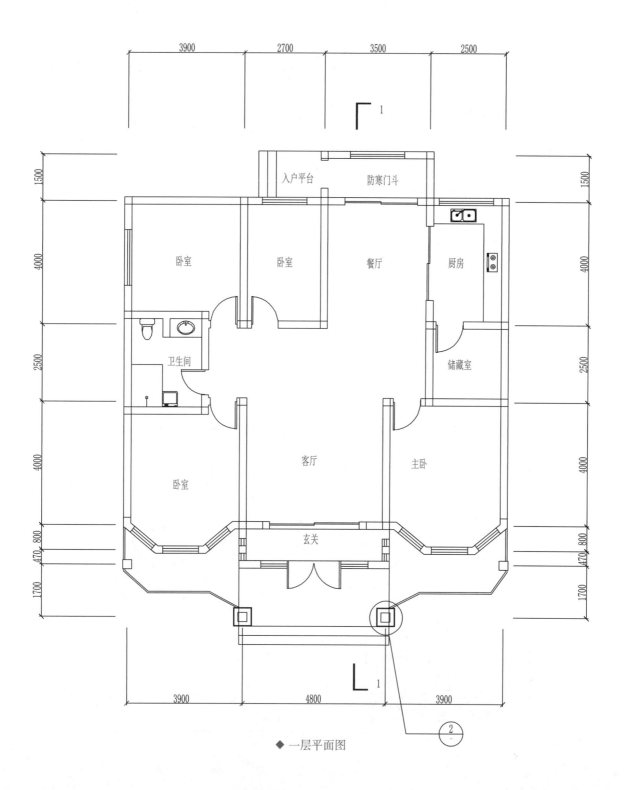

◆ 一层平面图

## 平面图分析

入户门处设置的玄关，使人进入别墅后有一个过渡的空间。本方案共有四间卧室，基本满足居住需求。

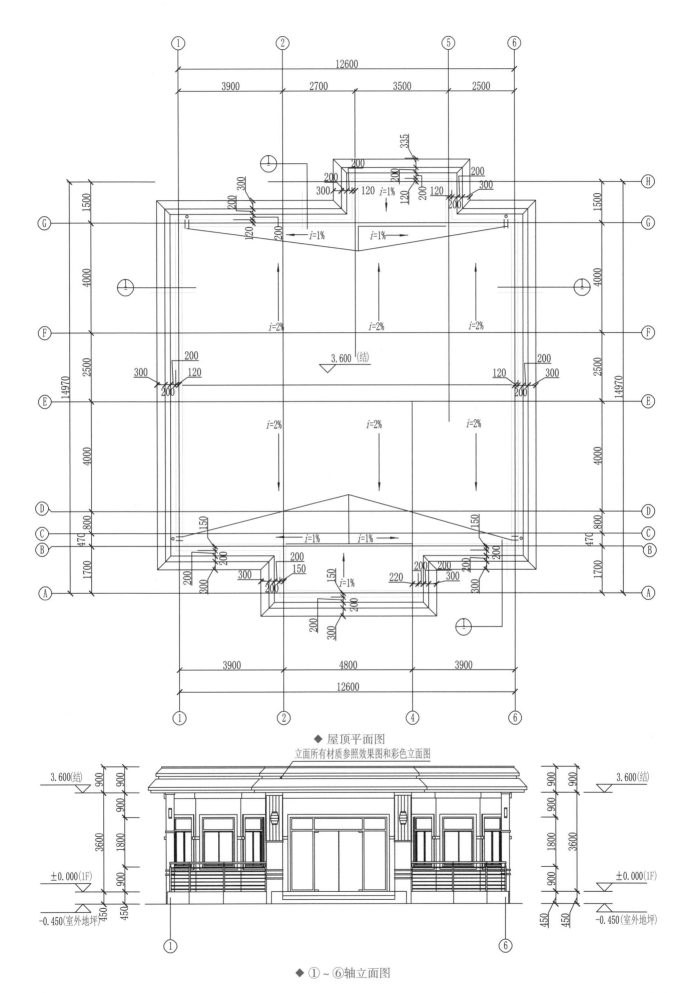

◆ 屋顶平面图

立面所有材质参照效果图和彩色立面图

◆ ①～⑥轴立面图

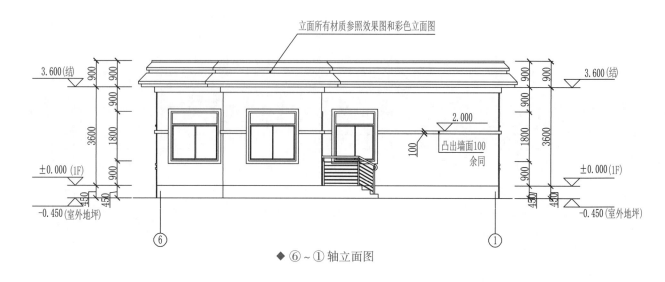

◆ ⑥ ~ ① 轴立面图

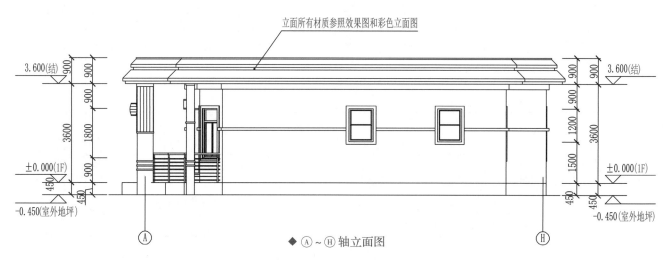

◆ Ⓐ ~ Ⓗ 轴立面图

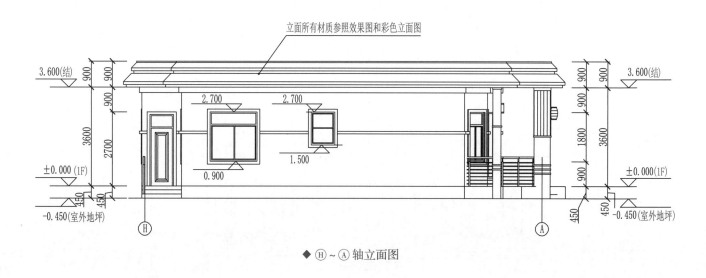

◆ Ⓗ ~ Ⓐ 轴立面图

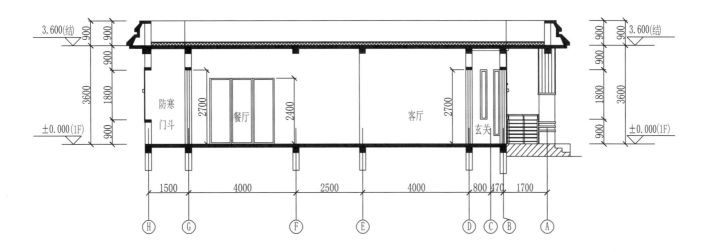

3.600(结)

3600

±0.000(1F)

900 900 900

900

1800

900

防寒
门斗

2700

餐厅

2400

客厅

2700

玄关

900 900 900

900

1800

900

3600

3.600(结)

±0.000(1F)

1500    4000    2500    4000    800 470 1700

H    G    F    E    D C B    A

◆ 1—1 剖面图

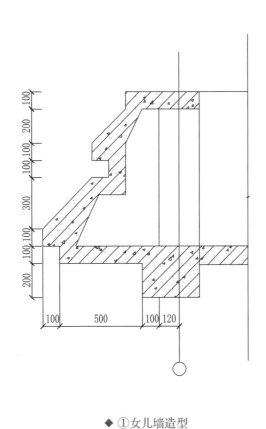

100
200
100 100
300
100 100
200

100    500    100 120

◆ ①女儿墙造型

150 100

859

50

2609

1100

50 100 50 150

20 150 150 150 150 20

◆ ②柱式造型详图

# 方案 4

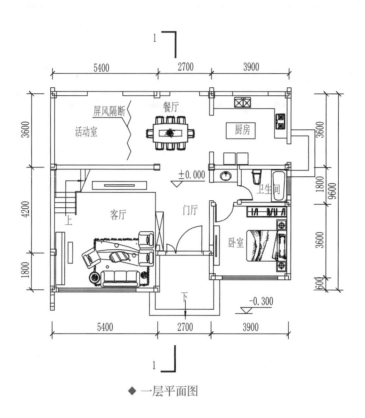

◆ 一层平面图

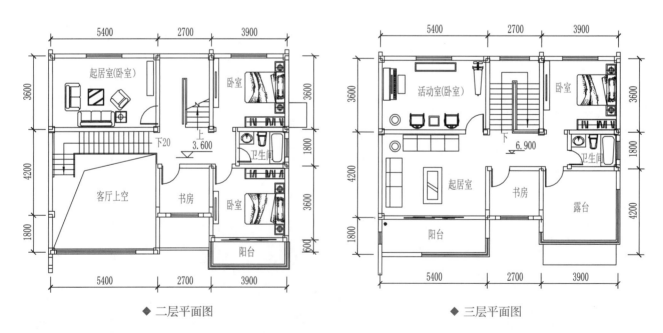

◆ 二层平面图　　　　　　　　◆ 三层平面图

## 平面图分析

一层以公共空间为主，客厅、餐厅、厨房、卫生间等功能空间设置较为全面，二层则以私密空间为主，卧室、书房集中在二层，使居住者所处的环境更加安静。客厅为挑空设计，这样会使空间显得更加宽敞，视觉上更加舒适。

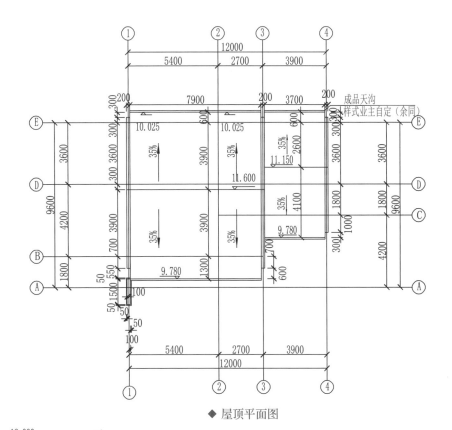

◆ 屋顶平面图

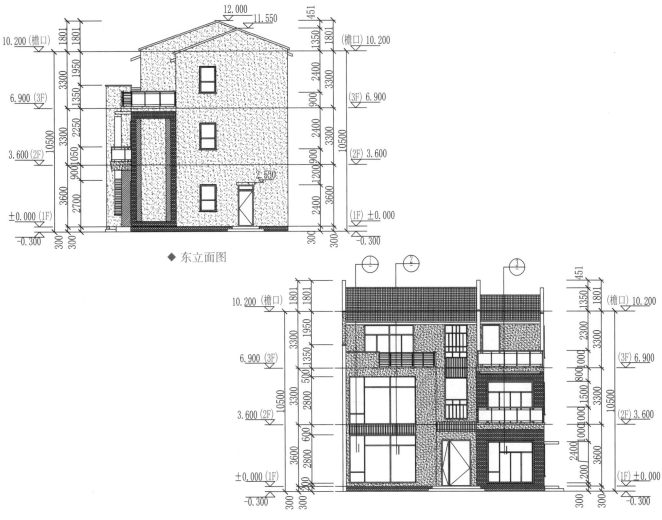

◆ 东立面图

◆ 南立面图

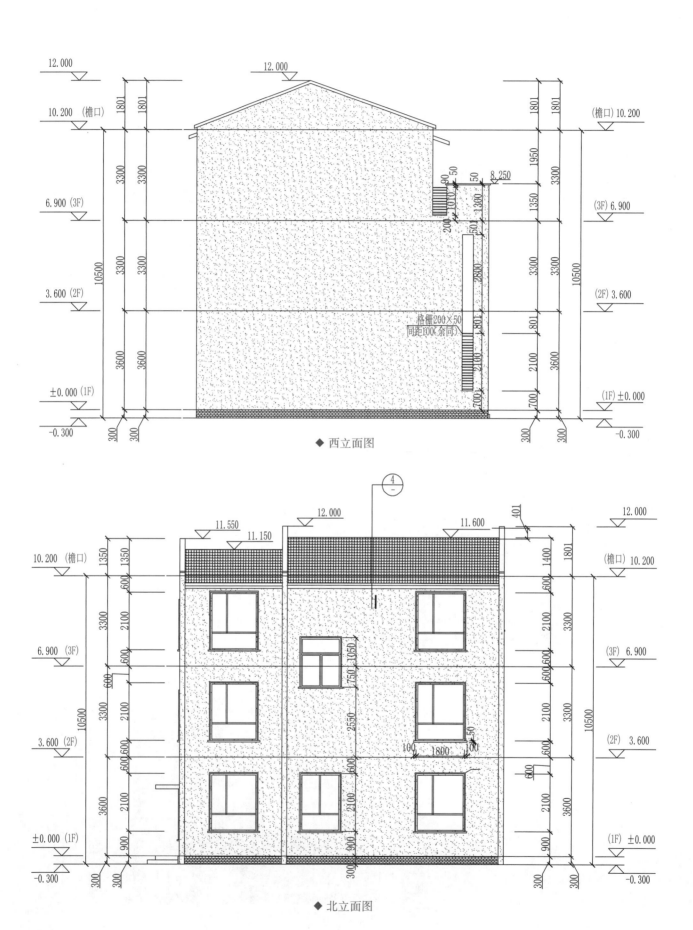

◆ 西立面图

◆ 北立面图

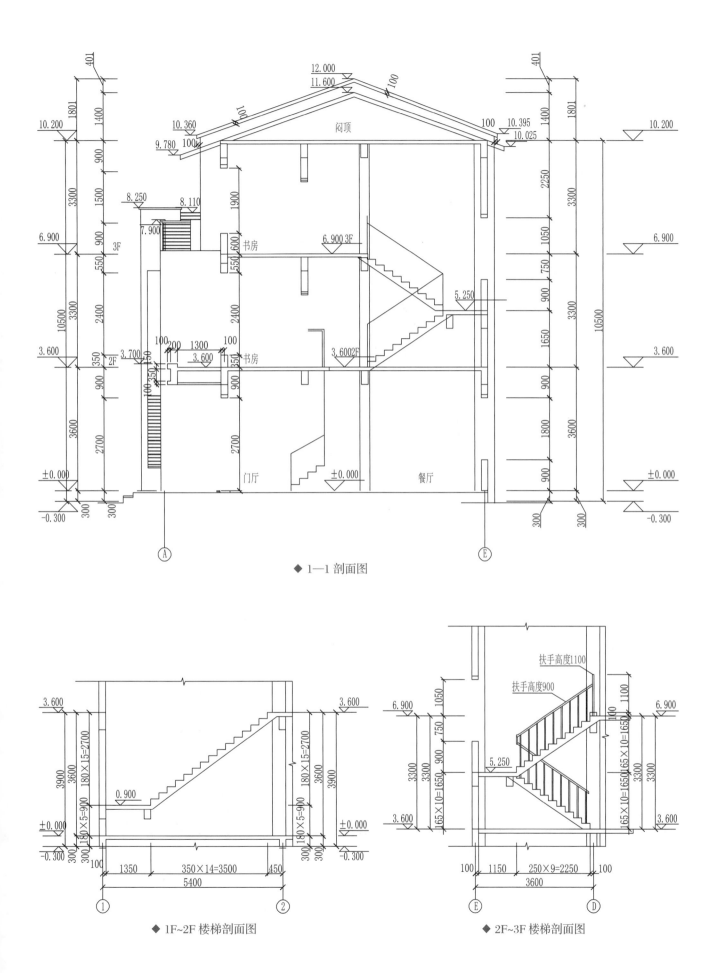

◆ 1—1 剖面图

◆ 1F~2F 楼梯剖面图

◆ 2F~3F 楼梯剖面图

# 方案 5

现代风格　四层　建筑面积约530m²（本方案效果图见005页）

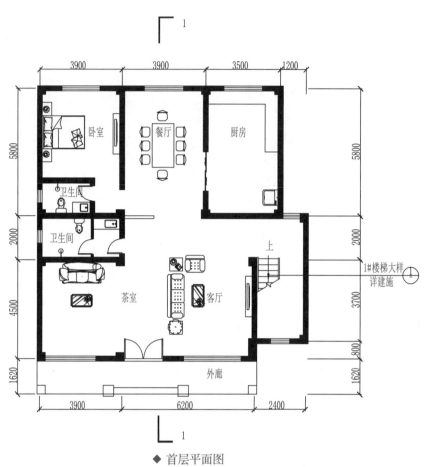

◆ 首层平面图

## 平面图分析

一层主要为活动空间，客厅、茶室面积较大，即使有多人在其中进行娱乐活动也不会显得局促。二层以卧室为主，且设置了家庭厅，主要供家人休闲使用。

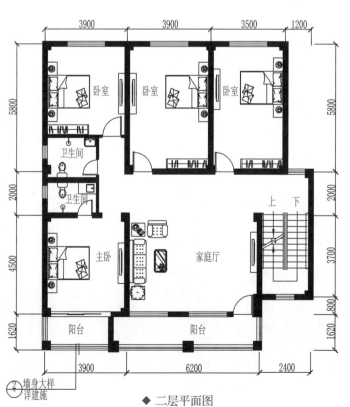

◆ 二层平面图

3900　　3900　　3500　1200

5800

2000

3700

800

2520

5800

4500

卧室　　卧室　　卧室

卫生间

卫生间

衣帽间　　家庭厅

主卧　　书房

上　下

1#楼梯大样
详建施②

3900　　6200　　2400

◆ 三层平面图

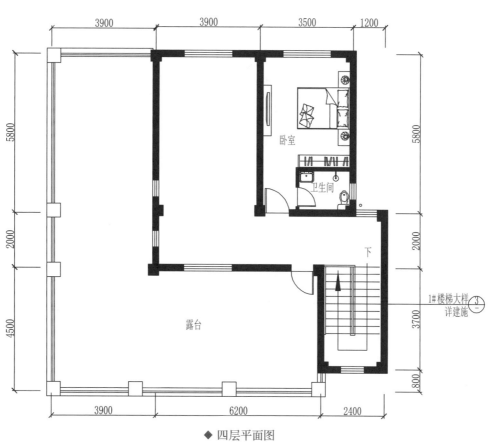

3900　　3900　　3500　1200

5800

2000

3700

800

5800

2000

4500

卧室

卫生间

下

露台

1#楼梯大样
详建施③

3900　　6200　　2400

◆ 四层平面图

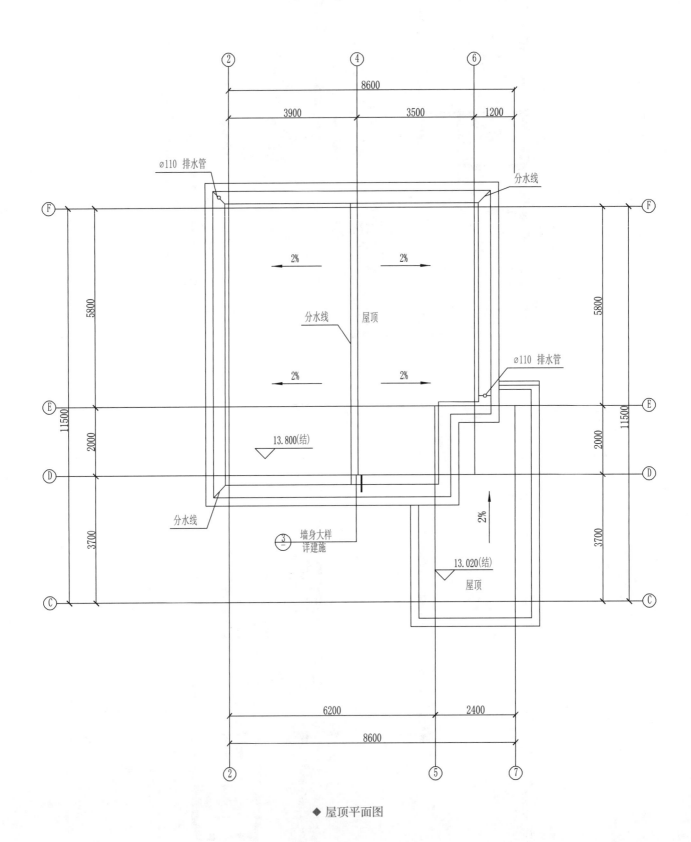

◆ 屋顶平面图

屋顶层
13.800

13.020
屋顶层

4F
3600

4F
2820

10.200

13.020
10.200

3F
3300

3F
3300

6.900

6.900

2F
3300

14100

13320

2F
3300

3.600

3.600

1F
3600

1F
3600

±0.000

±0.000

-0.300

300

300

-0.300

12500

① ◆ ①～⑥轴立面图 ⑥

屋顶层
13.020

屋顶层
13.800

4F
2820

4F
3600

10.200

10.200

3F
3300

3F
3300

6.900

6.900

13320

2F
3300

2F
3300

14100

3.600

3.600

1F
3600

1F
3600

±0.000

±0.000

-0.300

300

300

-0.300

13920

Ⓐ ◆ Ⓐ～Ⓕ轴立面图 Ⓕ

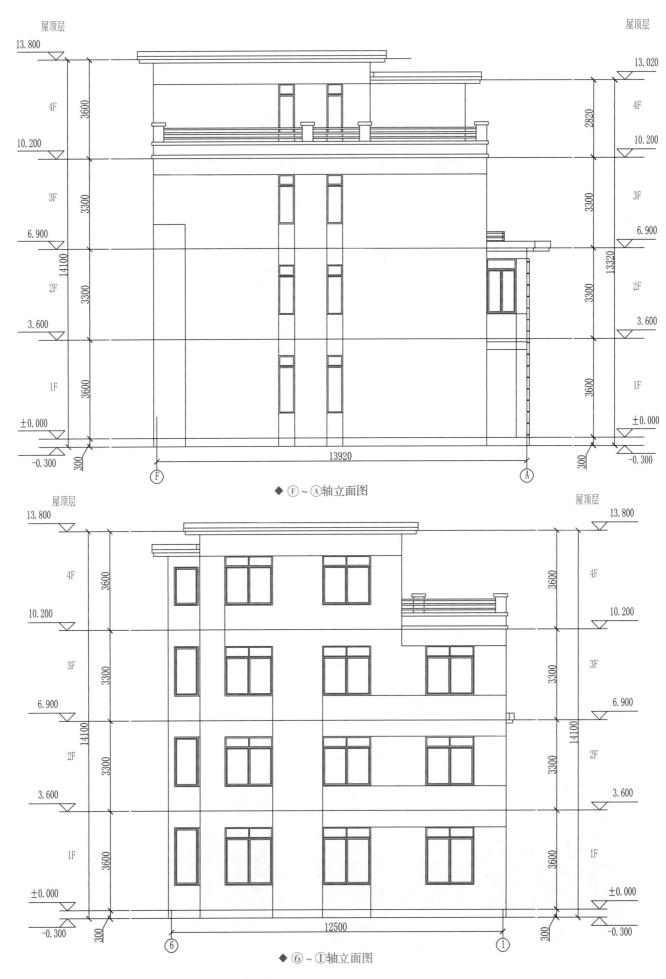

◆ Ⓕ ~ Ⓐ轴立面图

◆ ⑥ ~ ①轴立面图

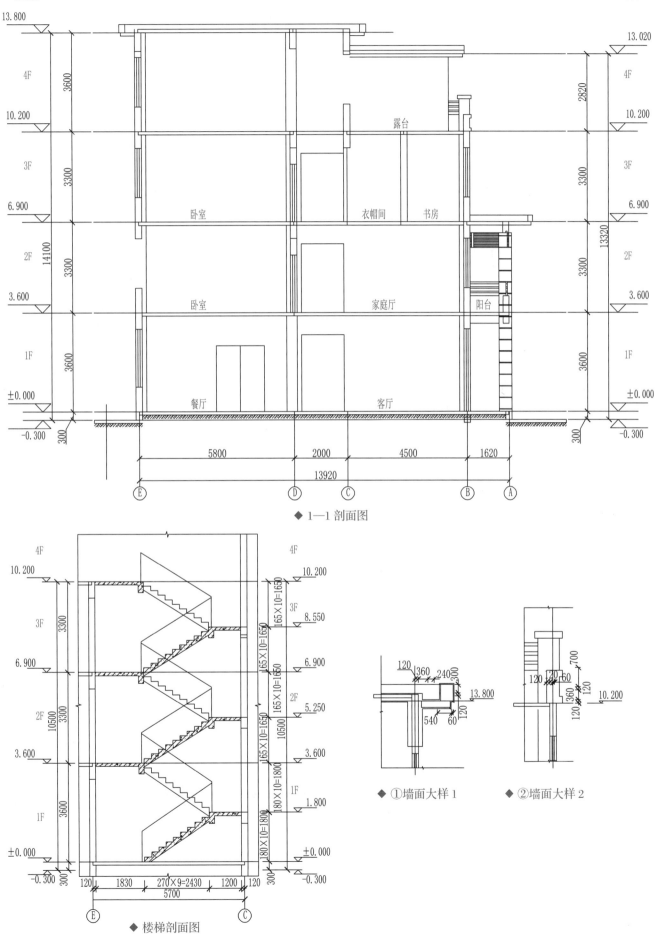

◆ 1—1 剖面图

屋顶层

13.800

4F

10.200

3F

6.900

2F

3.600

1F

±0.000

−0.300

3600

3300

3300

3600

14100

300

卧室 衣帽间 书房

露台

卧室 家庭厅 阳台

餐厅 客厅

5800 2000 4500 1620

13920

E D C B A

屋顶层

13.020

4F

2820

10.200

3F

3300

6.900

2F

3300

3.600

1F

3600

±0.000

−0.300

300

13320

◆ 楼梯剖面图

4F

10.200

3F 8.550

6.900

2F 5.250

3.600

1F 1.800

±0.000

−0.300

3300

3300

3300

3600

10500

300

165×10=1650

165×10=1650

165×10=1650

165×10=1650

180×10=1800

180×10=1800

10500

120 1830 270×9=2430 1200 120

5700

E C

◆ ①墙面大样1

120 360 240 300
13.800
540 60 120 120

◆ ②墙面大样2

120 120 60 700
120 360 120
120
10.200

# 方案 6

现代风格 两层 建筑面积约252m²（本方案效果图见006页）

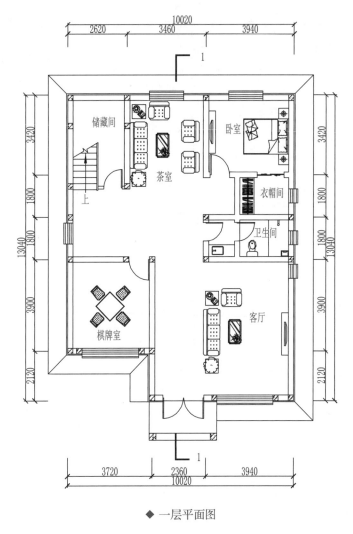

◆ 一层平面图

## 平面图分析

户型设计在满足居住需要的同时，也应注重起居生活、茶室、棋牌室的设计，以丰富主人一家的居家时光。本方案二层卧室全部配有独立卫生间，私密性好，优化了居住体验。

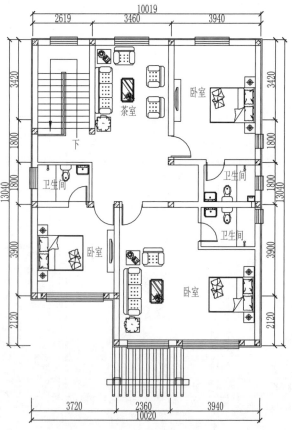

◆ 二层平面图

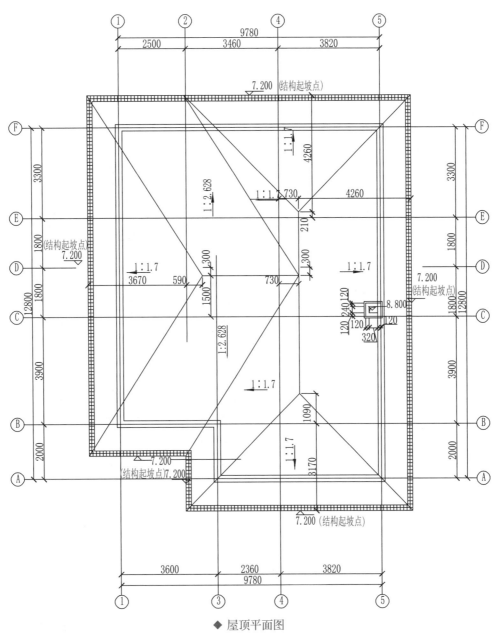

◆ 屋顶平面图

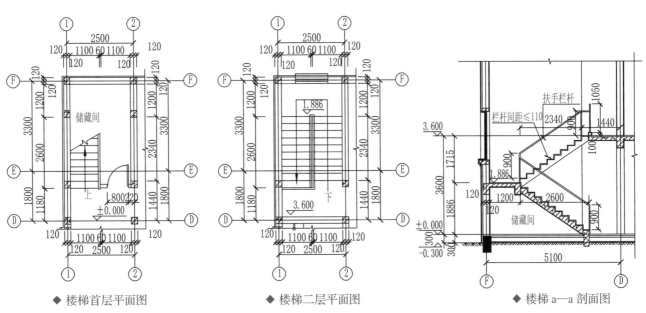

◆ 楼梯首层平面图          ◆ 楼梯二层平面图          ◆ 楼梯a—a剖面图

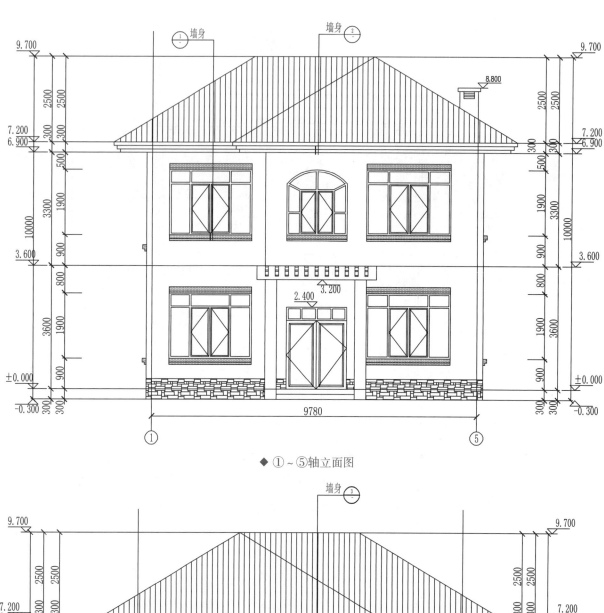

◆ ①~⑤轴立面图

◆ ⑤~①轴立面图

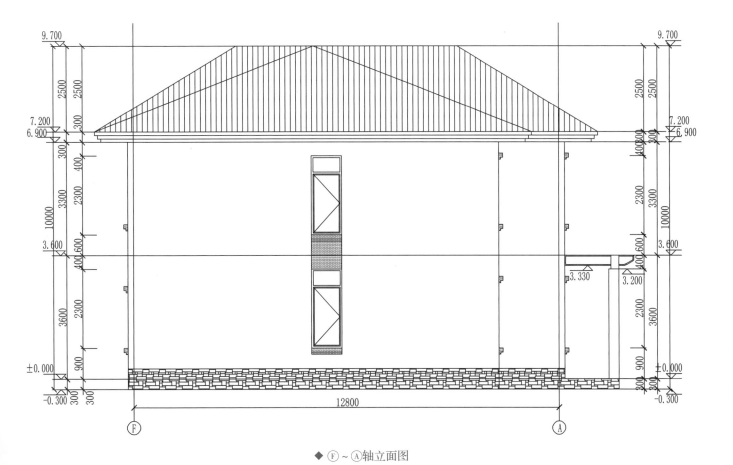

◆ F~A轴立面图

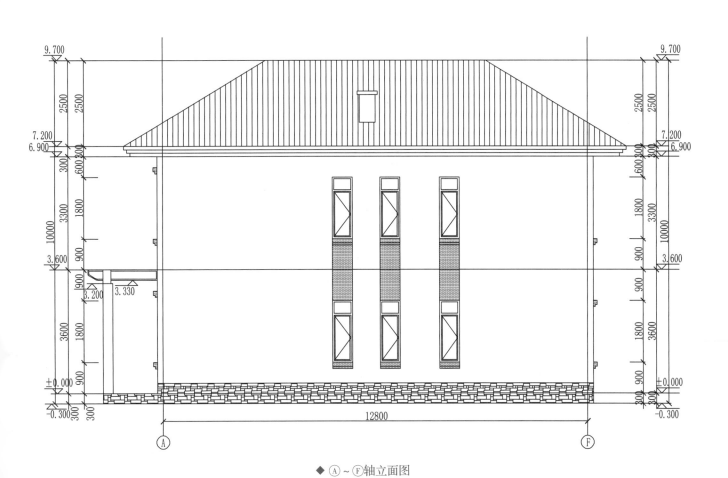

◆ A~F轴立面图

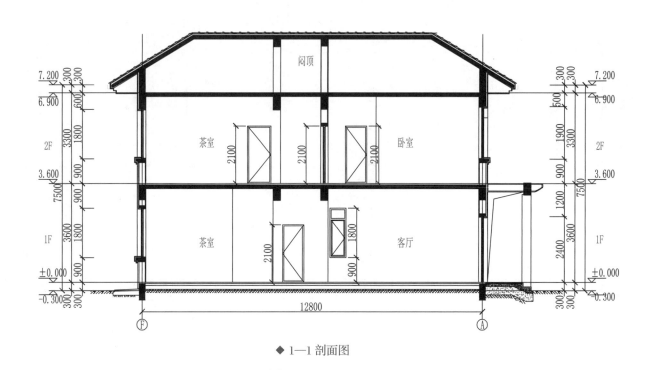

◆ 1—1 剖面图

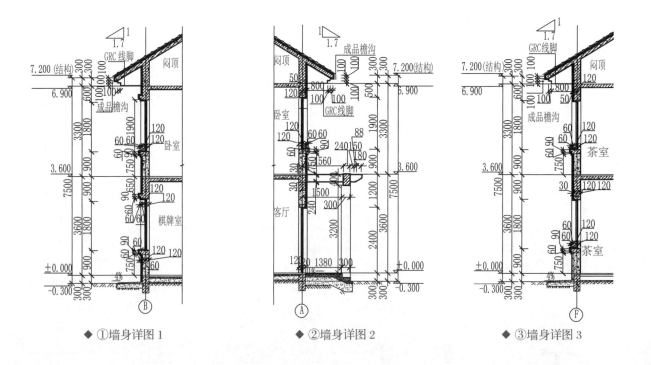

◆ ①墙身详图 1　　　　◆ ②墙身详图 2　　　　◆ ③墙身详图 3

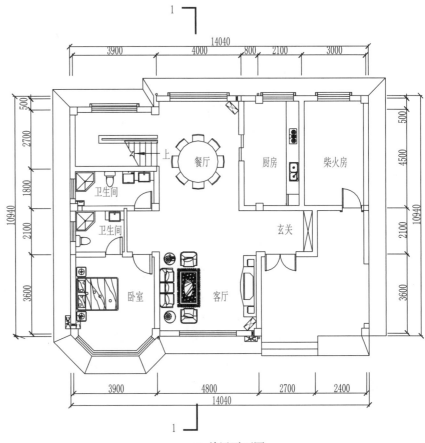

◆ 首层平面图

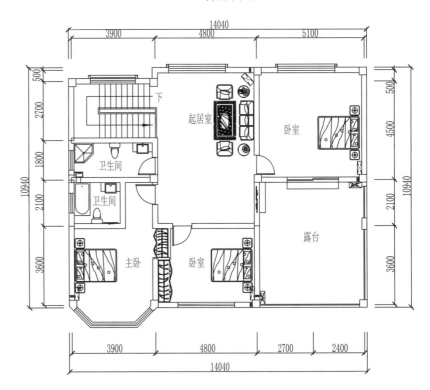

## 平面图分析

柴火房与主楼分设大门，有效保洁；入户处设有玄关，避免开门见山；上下两层格局工整对齐，易于施工；主卧的弧形采光窗、二层的大露台，优化了居住感受。

◆ 二层平面图

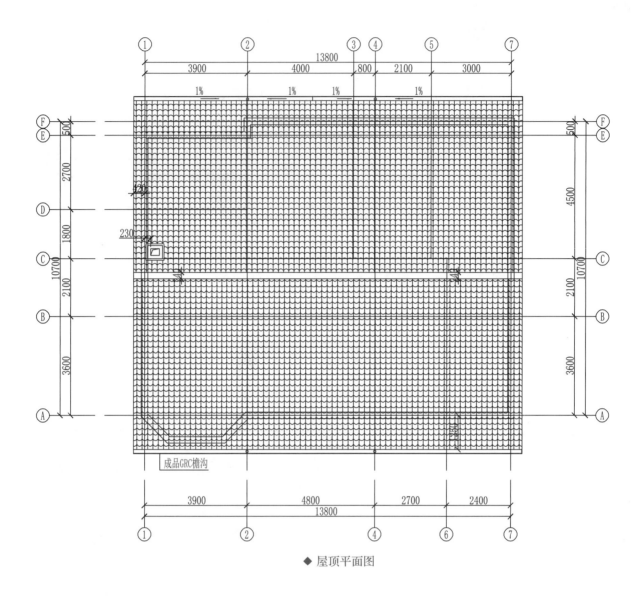

◆ 屋顶平面图

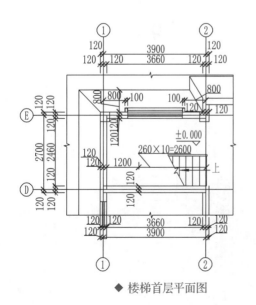

◆ 楼梯首层平面图

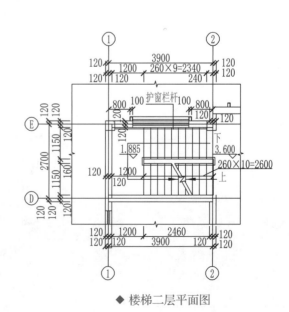

◆ 楼梯二层平面图

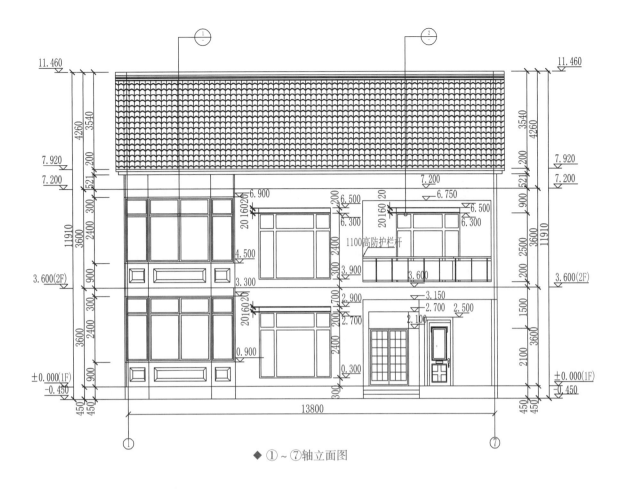

◆ ①～⑦轴立面图

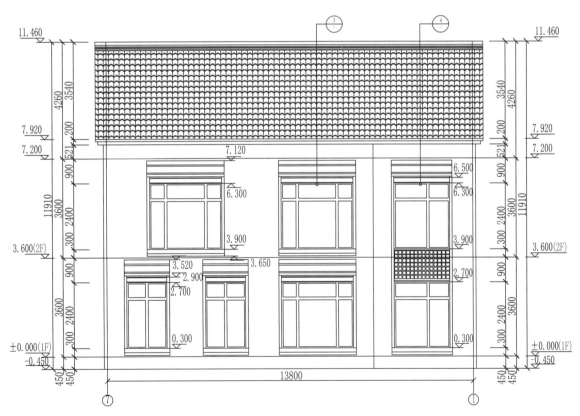

◆ ⑦～①轴立面图

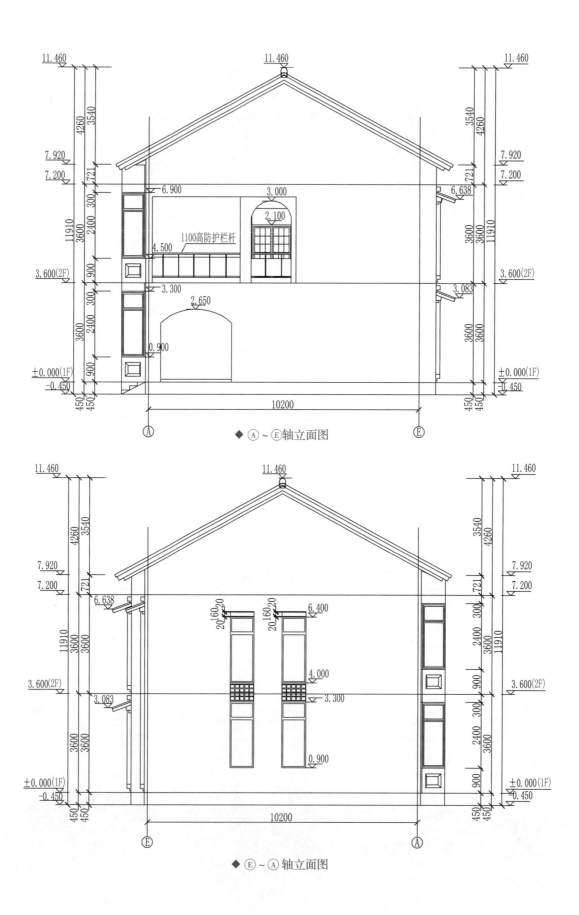

◆ Ⓐ ~ Ⓔ轴立面图

◆ Ⓔ ~ Ⓐ轴立面图

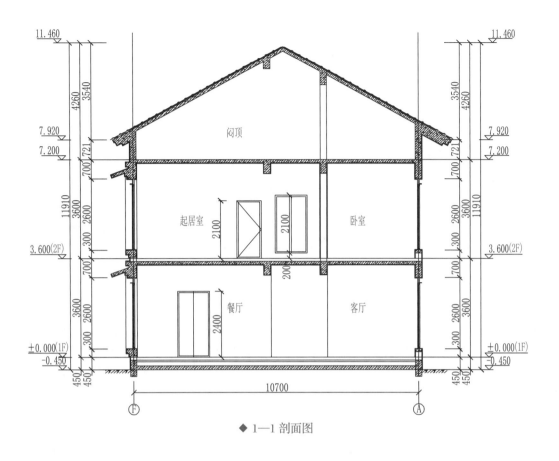

◆ 1—1 剖面图

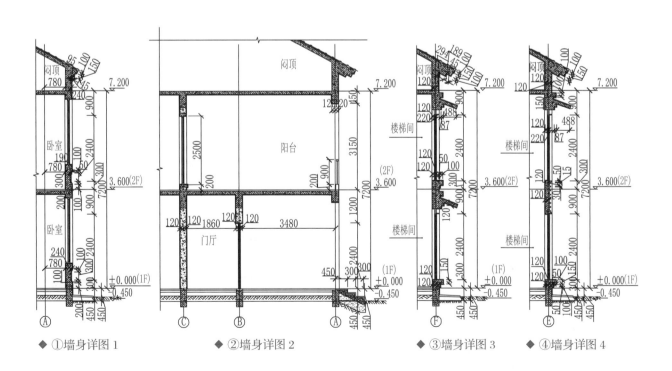

◆ ①墙身详图 1　　　　◆ ②墙身详图 2　　　　◆ ③墙身详图 3　　◆ ④墙身详图 4

# 方案 8

现代风格　三层　建筑面积约421m²（本方案效果图见008页）

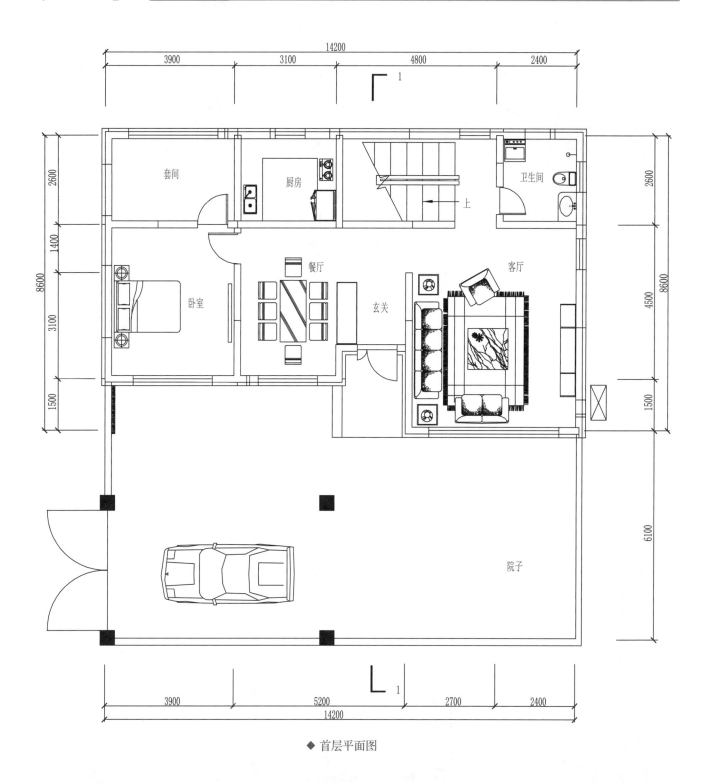

◆ 首层平面图

## 平面图分析

布局设计注重功能区域间的独立性，彼此之间做出了很好的划分，可减少相互干扰。房间布局合理，南北通透，居住感受好。

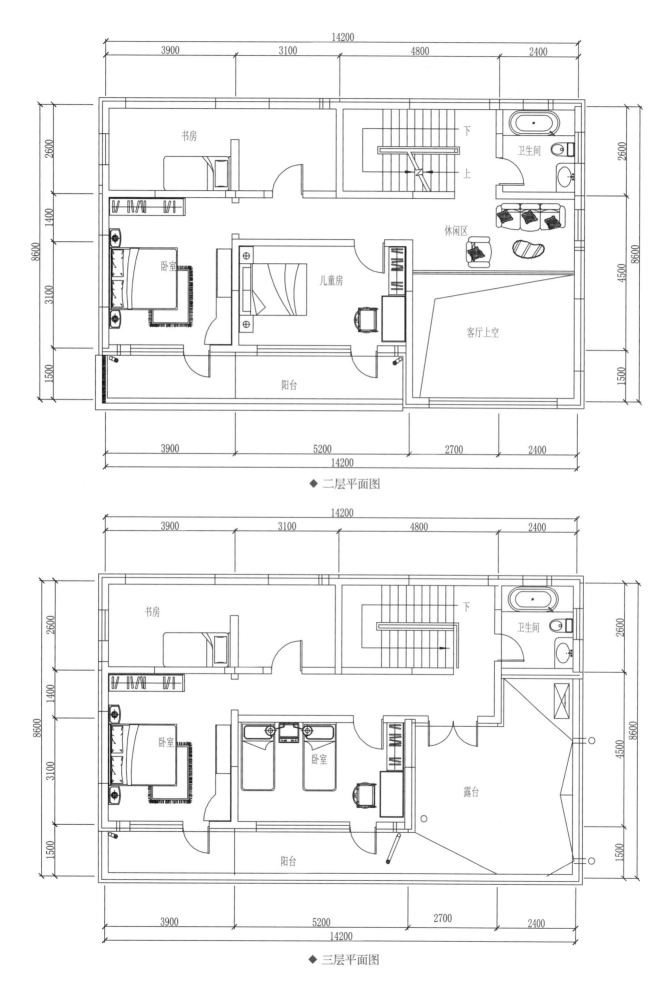

14200

3900　　3100　　4800　　2400

2600

8600

1400

3100

1500

书房

卧室

儿童房

下

上

卫生间

休闲区

客厅上空

阳台

3900　　5200　　2700　　2400

14200

◆ 二层平面图

14200

3900　　3100　　4800　　2400

2600

8600

1400

3100

1500

书房

卧室

卧室

下

卫生间

露台

阳台

3900　　5200　　2700　　2400

14200

◆ 三层平面图

2600

8600

4500

1500

2600

8600

4500

1500

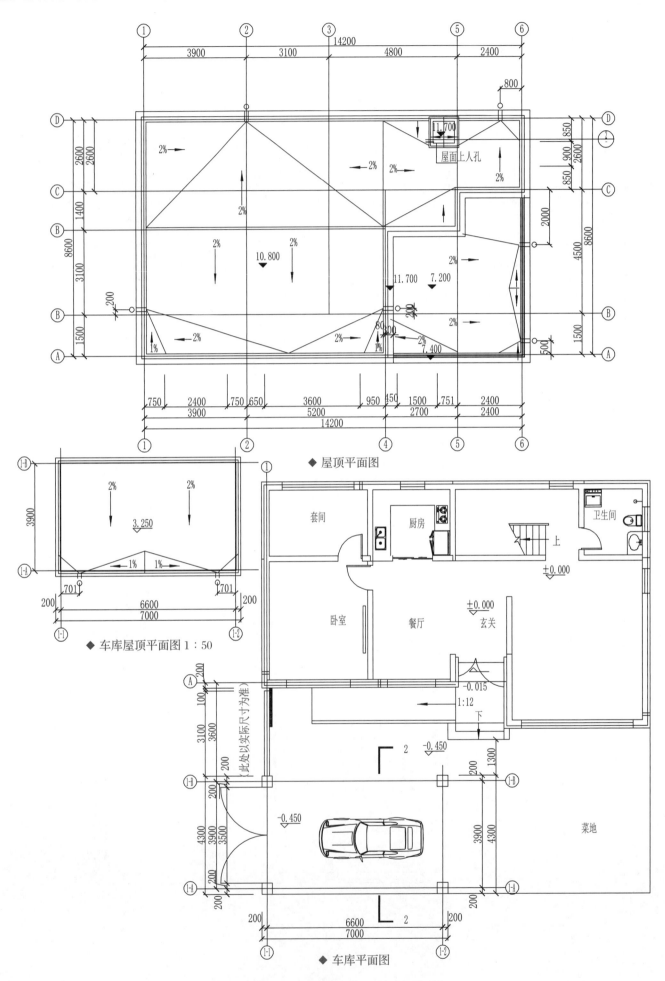

◆ 屋顶平面图

◆ 车库屋顶平面图 1：50

◆ 车库平面图

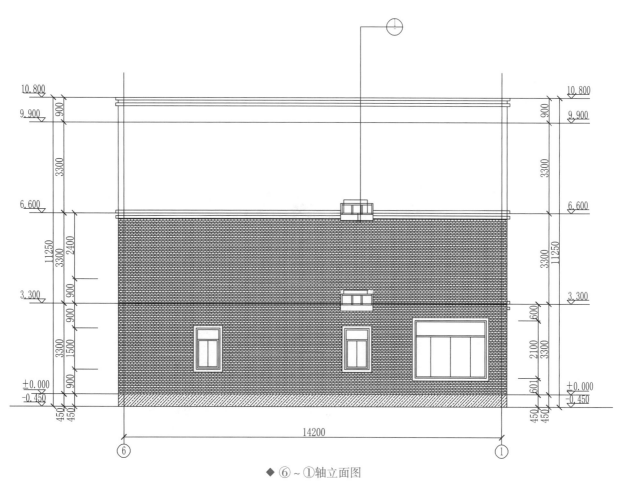

◆ ⑥～①轴立面图

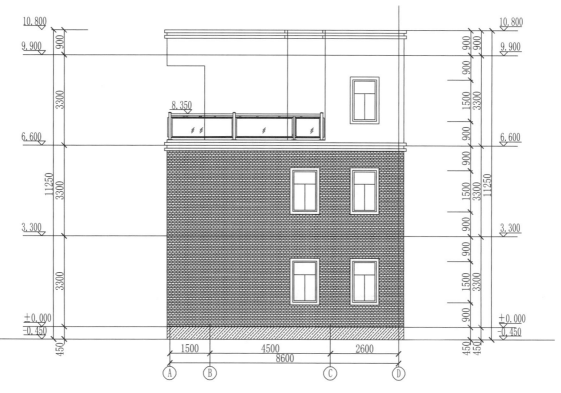

◆ Ⓐ～Ⓓ轴立面图

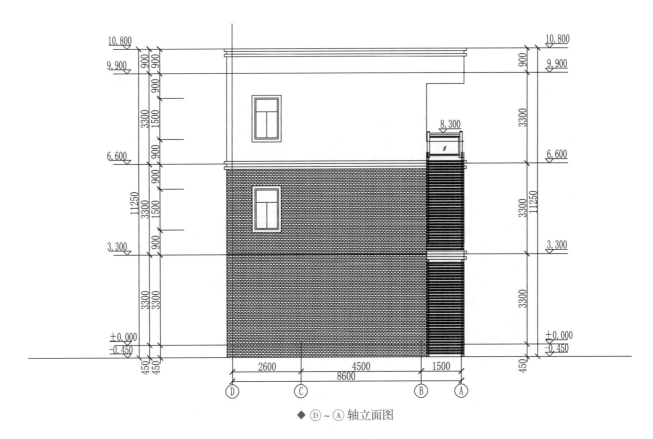

◆ Ⓓ ~ Ⓐ 轴立面图

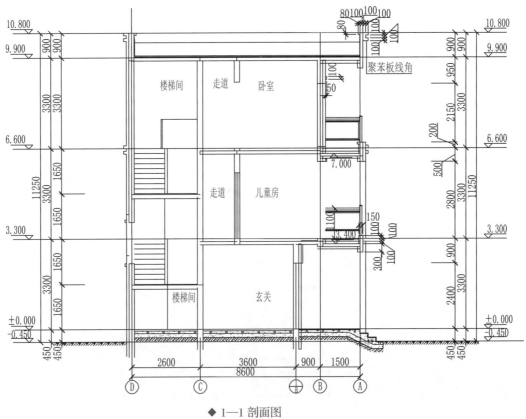

楼梯间　走道　卧室

聚苯板线角

走道　儿童房

楼梯间　玄关

◆ 1—1 剖面图

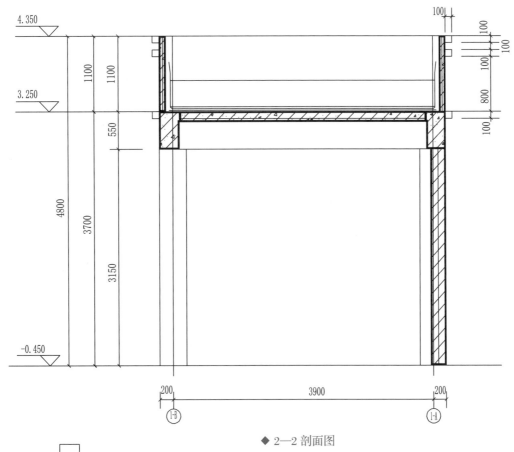

◆ 2—2 剖面图

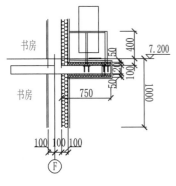

◆ ①墙身详图 1

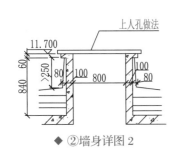

◆ ②墙身详图 2

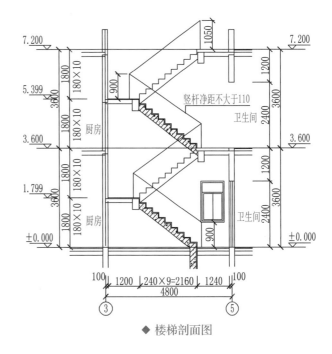

◆ 楼梯剖面图

# 方案 9

现代风格　两层　建筑面积约237m²（本方案效果图见009页）

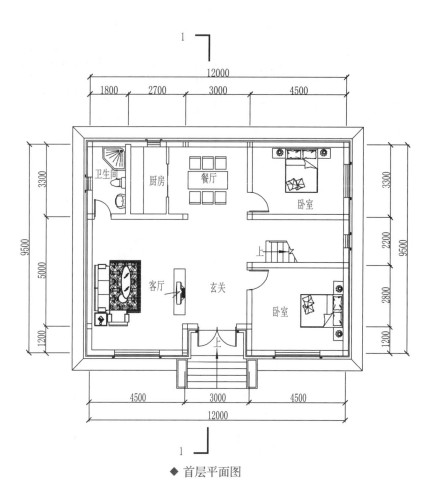

◆ 首层平面图

## 平面图分析

一层的厨房紧邻餐厅，方便居住者做好饭菜之后以最短的距离走到餐桌，设计较为人性化。二层有面积较大的茶室，家人之间可以一边品茶一边交流。

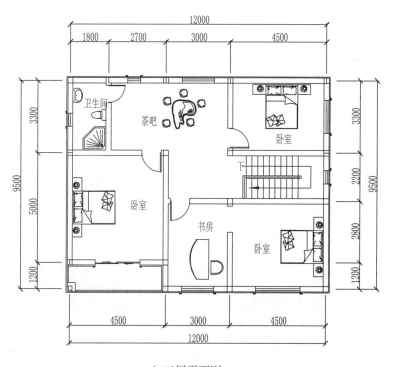

◆ 二层平面图

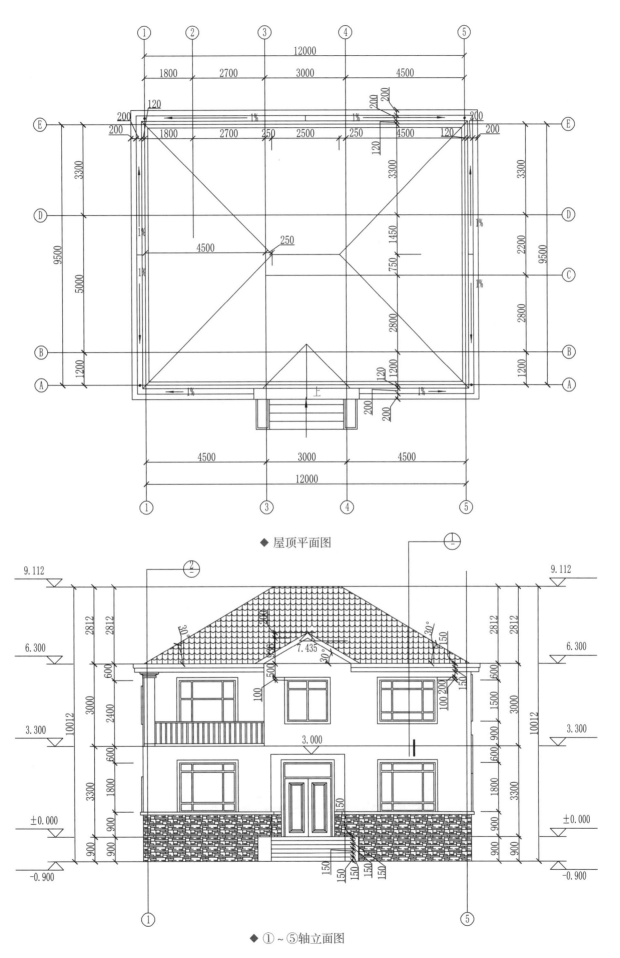

◆ 屋顶平面图

◆ ①～⑤轴立面图

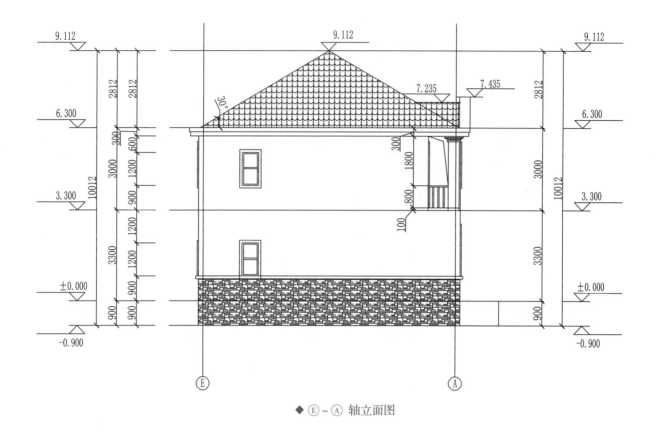

◆ Ⓔ~Ⓐ 轴立面图

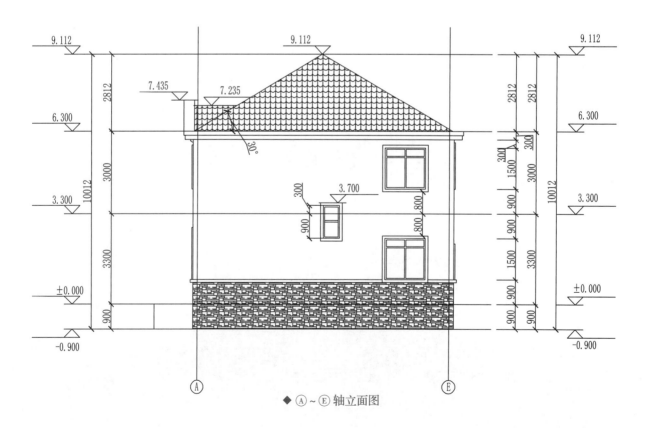

◆ Ⓐ~Ⓔ 轴立面图

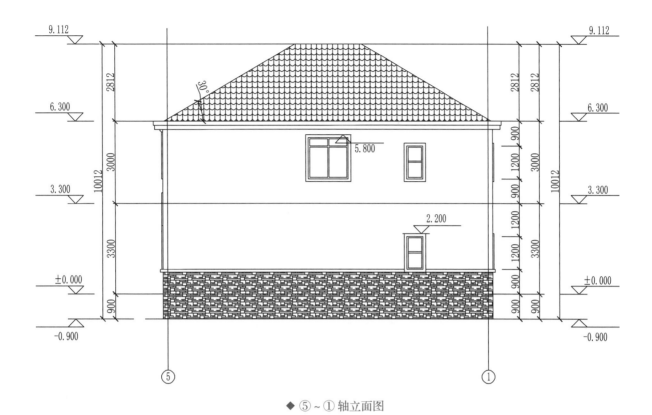

◆ ⑤ ~ ① 轴立面图

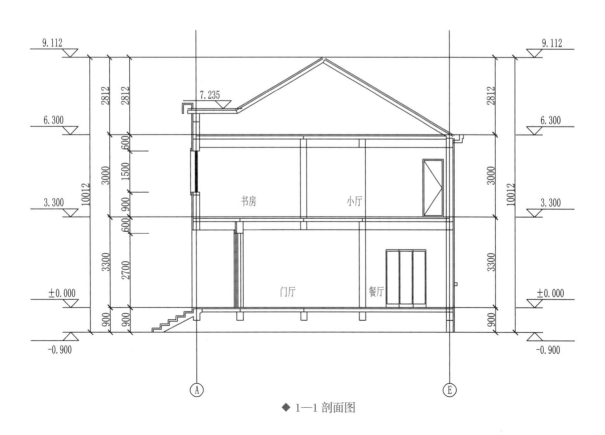

◆ 1—1 剖面图

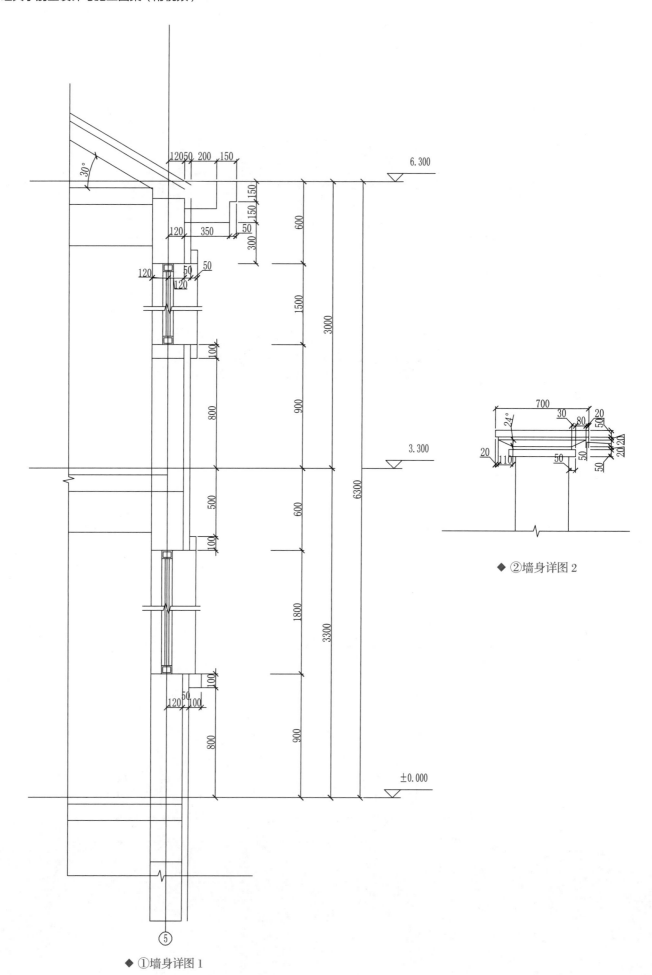

◆ ②墙身详图 2

◆ ①墙身详图 1

# 方案 10

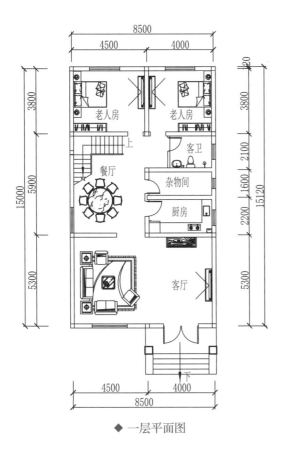

◆ 一层平面图

## 平面图分析

别墅坐北朝南，但面宽相对较小，因此在设计上更加注重采光的优化；特别在楼梯间屋顶做了天井，以补充采光。整体布局设计注重空间的独立性，因此功能区域之间划分细致，尽量避免空间的连通。配套用房丰富，棋牌室、健身房、阳台露台、储藏间、衣帽间等充分满足业主一家生活所需。

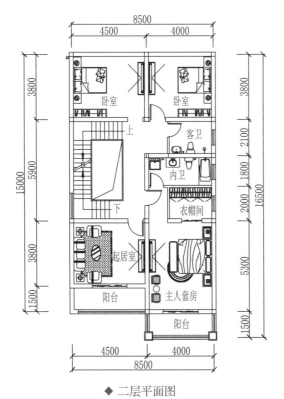

◆ 二层平面图

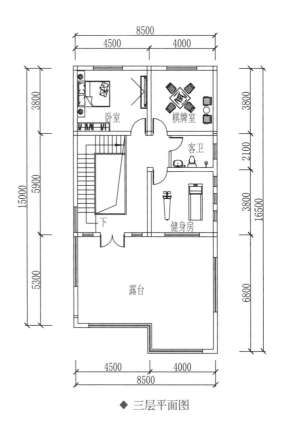

◆ 三层平面图

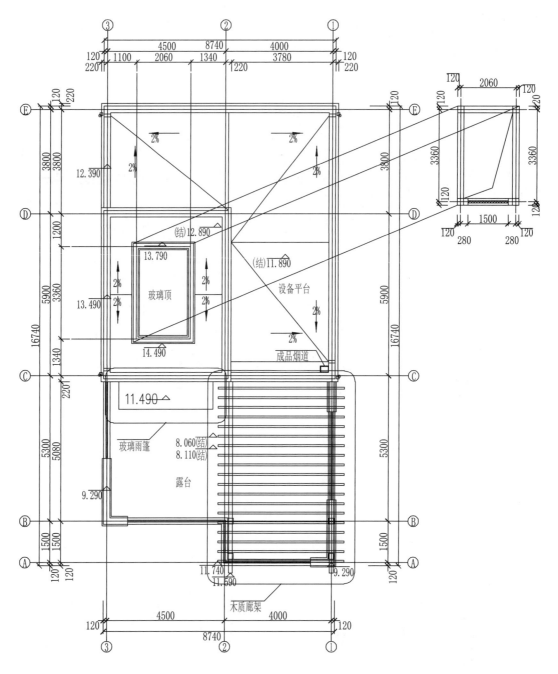

◆ 屋顶层平面图

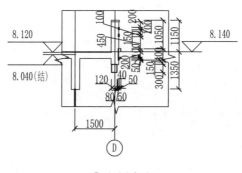

◆ ①墙身详图 1

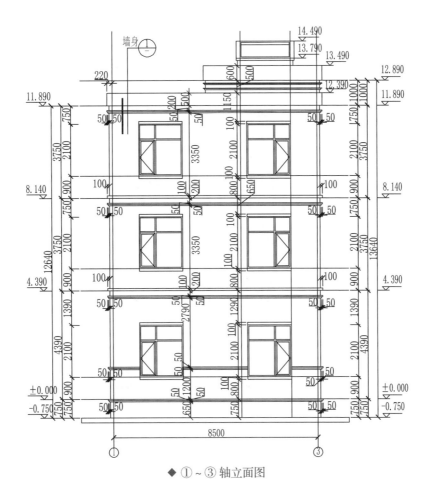

◆ ①～③轴立面图

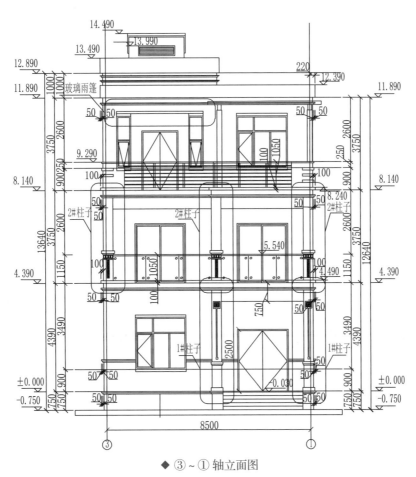

◆ ③～①轴立面图

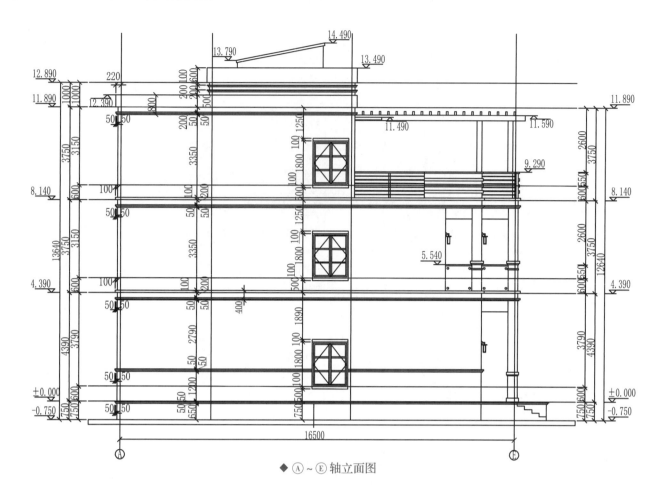

◆ Ⓐ～Ⓔ 轴立面图

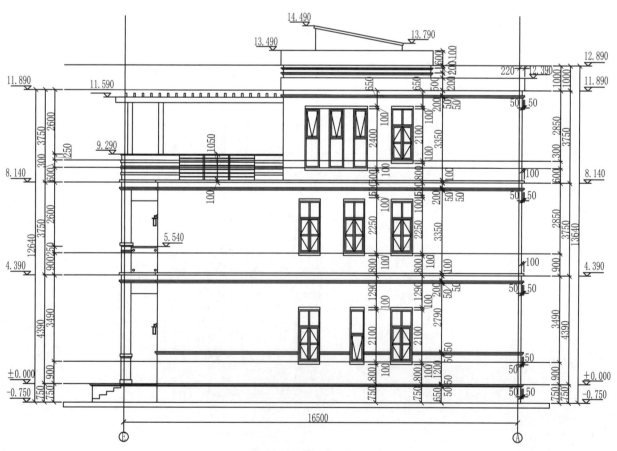

◆ Ⓔ～Ⓐ 轴立面图

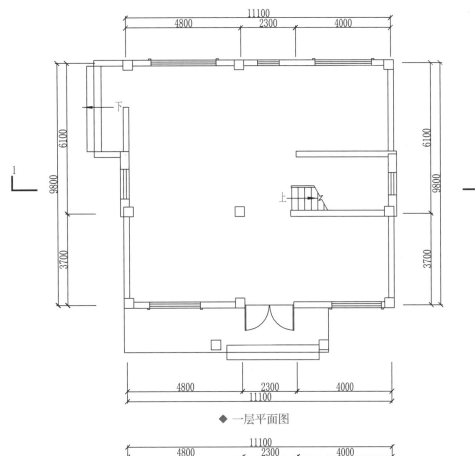

◆ 一层平面图

## 平面图分析

宅地条件很好，南侧为道路，其他三面无限制；一层作为商业使用，大门开在南侧以获取更多的客流量。根据已确定的一层建筑结构，二层、三层合理地设计出起居空间；挑空客厅提升空间气质，四间卧室全面满足家中五口人的日常居住需要。

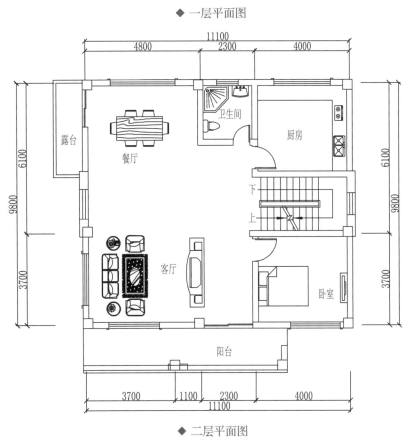

◆ 二层平面图

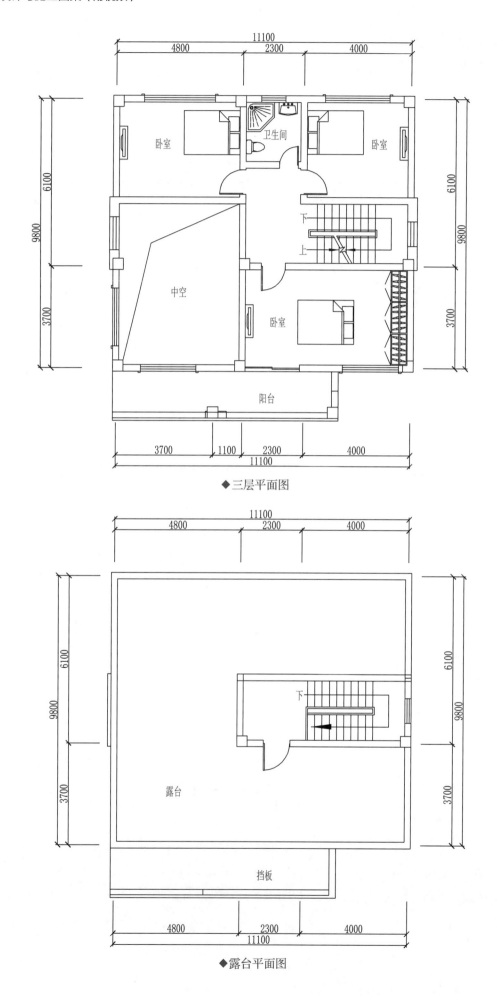

◆三层平面图

◆露台平面图

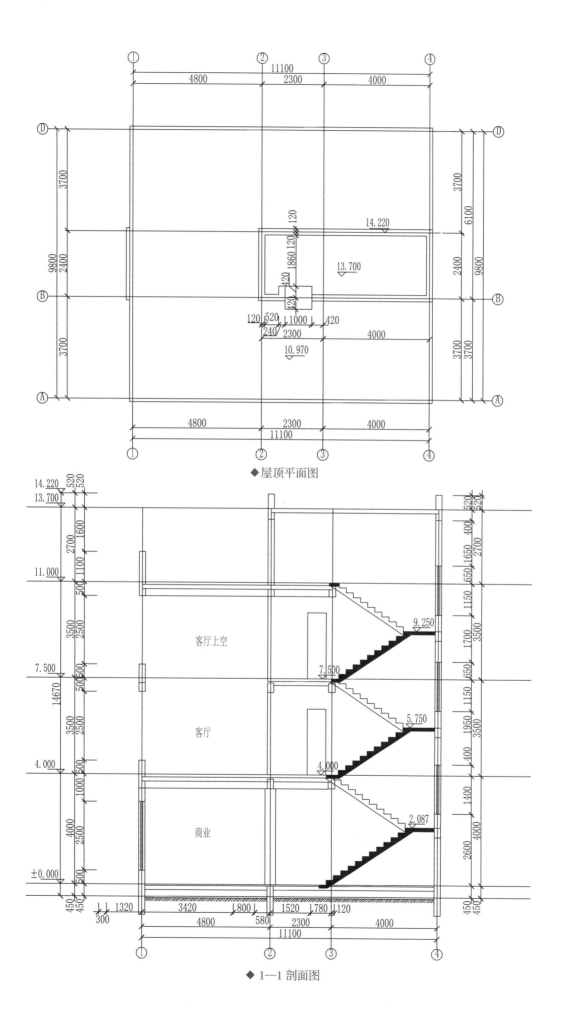

◆ 屋顶平面图

◆ 1—1 剖面图

商业
客厅
客厅上空

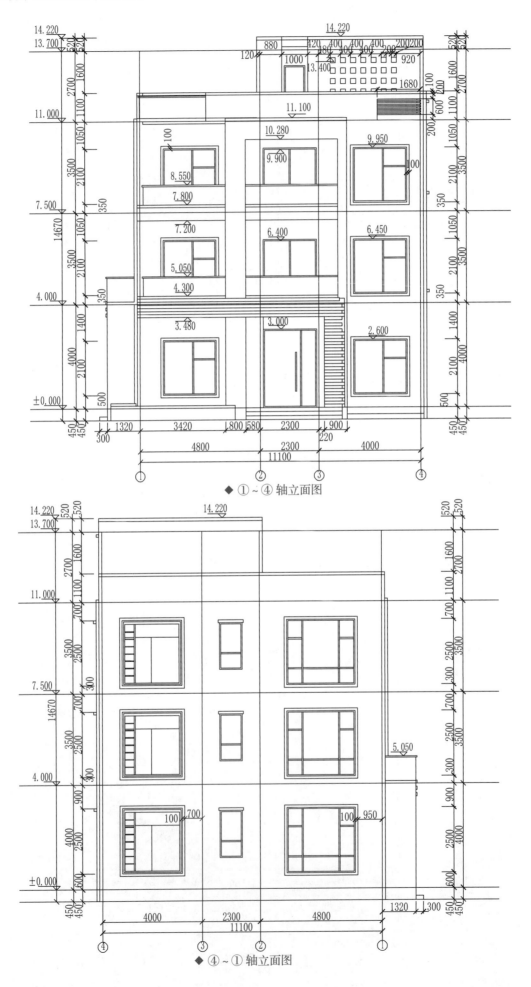

◆ ①～④轴立面图

◆ ④～①轴立面图

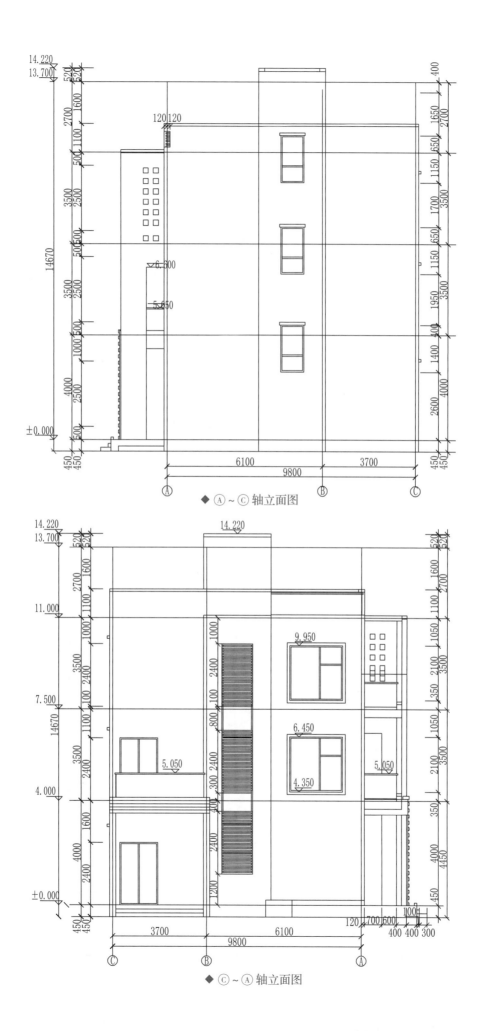

◆ Ⓐ ～ Ⓒ 轴立面图

◆ Ⓒ ～ Ⓐ 轴立面图

# 方案 12

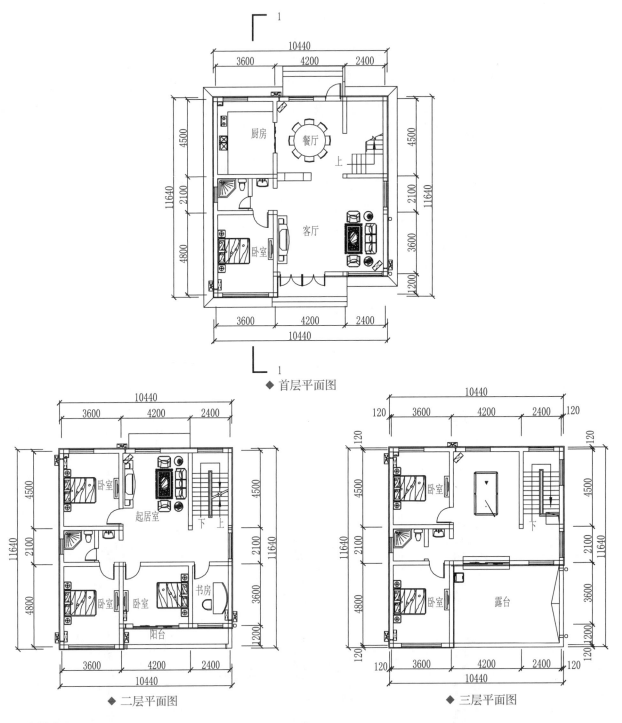

◆ 首层平面图

◆ 二层平面图

◆ 三层平面图

## 平面图分析

一层的设计注重空间的开敞和视野的通透，客厅、餐厅、楼梯间相连，将空间最大程度地放大，又巧妙地在餐厅与客厅之间加置屏风作为软隔断，划分出空间功能性。

二层空间划分得规整方正，方便装修后摆放家具，利用率高。三层设有娱乐区及露台，健身休闲，丰富业主一家的起居生活。

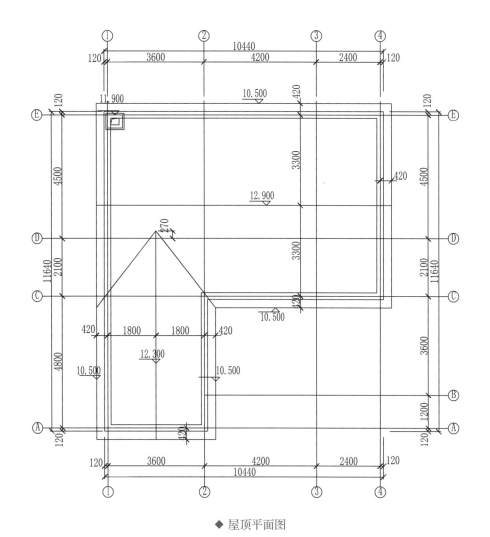

◆ 屋顶平面图

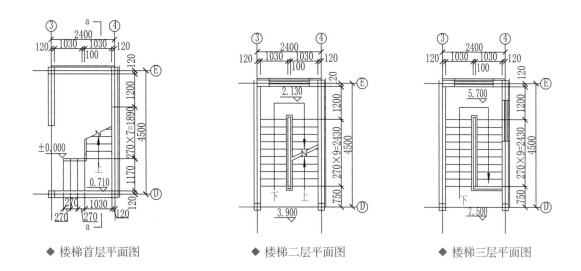

◆ 楼梯首层平面图　　◆ 楼梯二层平面图　　◆ 楼梯三层平面图

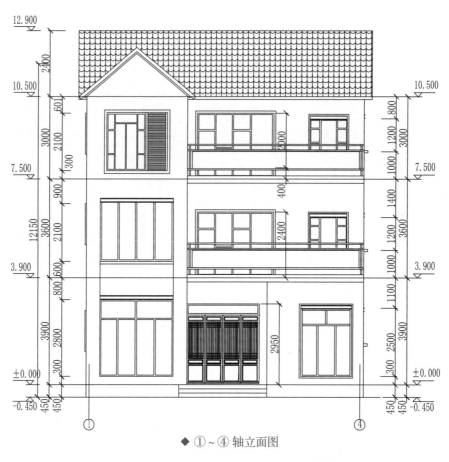

◆ ①~④轴立面图

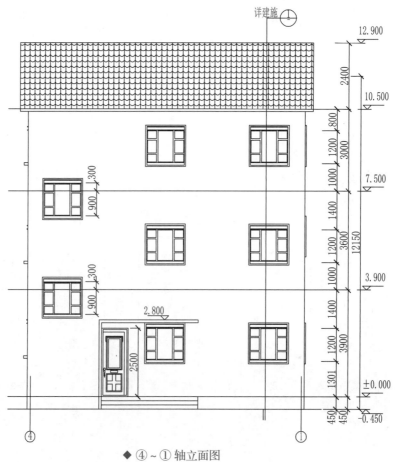

◆ ④~①轴立面图

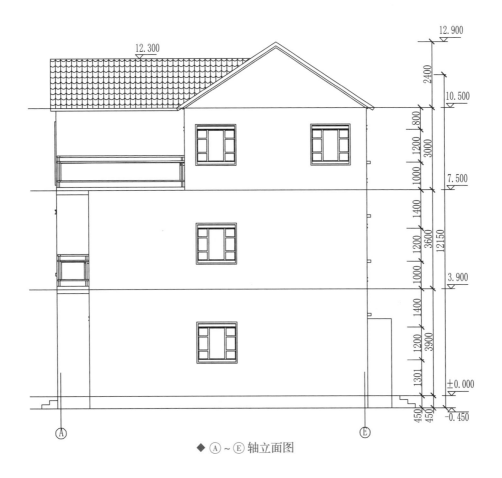

◆ Ⓐ~Ⓔ轴立面图

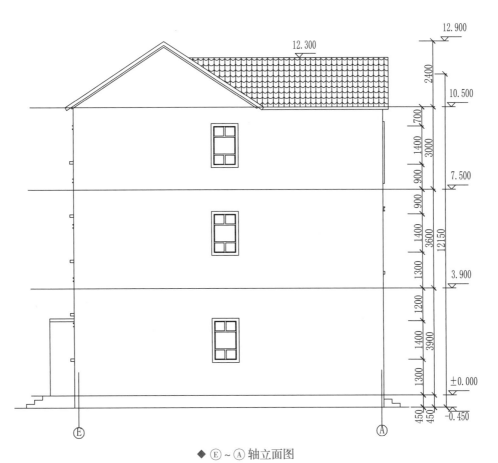

◆ Ⓔ~Ⓐ轴立面图

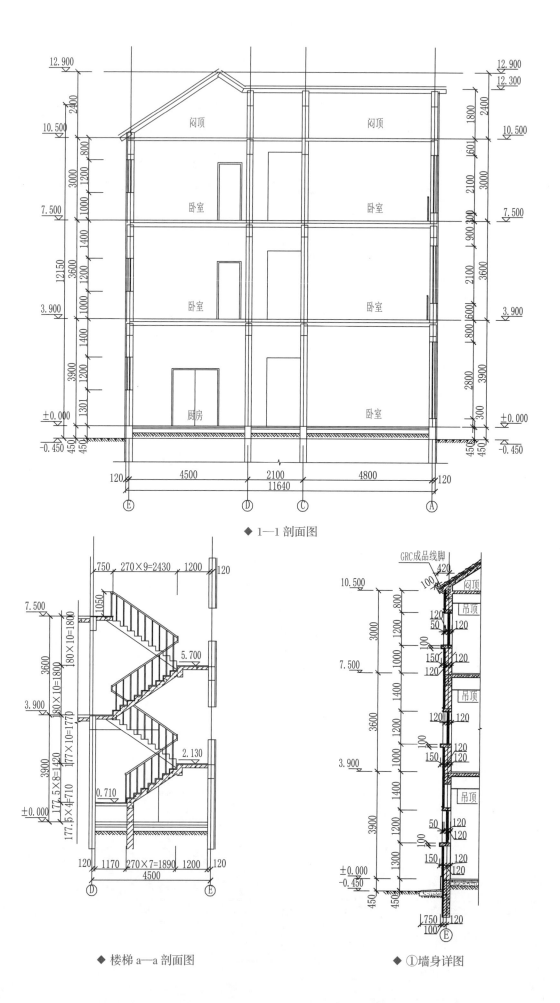

◆ 1—1 剖面图

◆ 楼梯 a—a 剖面图

◆ ①墙身详图

# 方案 **13**

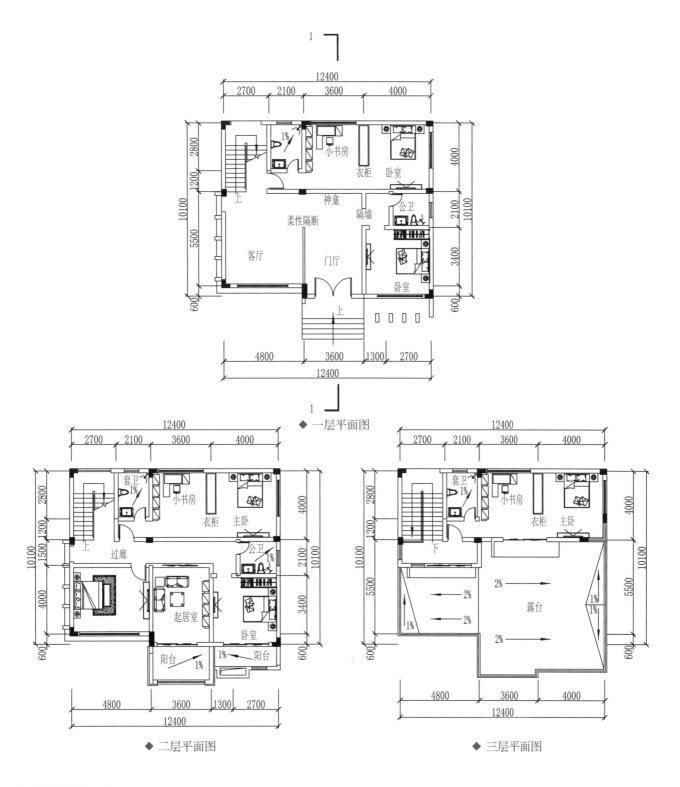

◆ 一层平面图

◆ 二层平面图

◆ 三层平面图

## 平面图分析

一层老人房朝南，门口设有公卫，方便老人使用。每层北侧均为带套卫、小书房的套房，方便学习和起居，并全面提升了居住品质。二层设有起居空间，空间区域划分明确，是为了方便逢年过节亲友留宿时将其改为客卧使用。

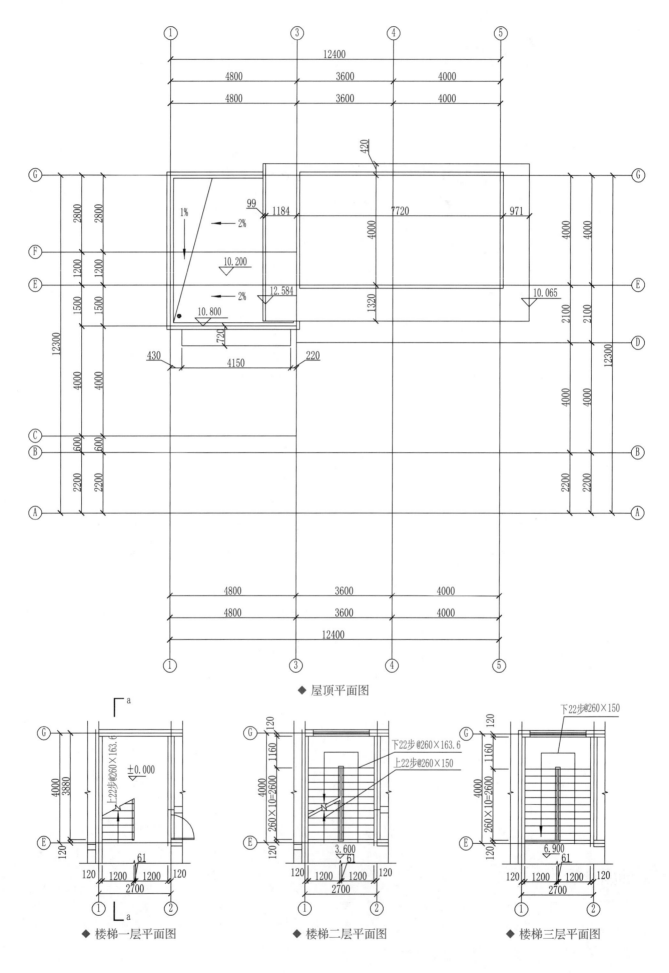

◆ 屋顶平面图

◆ 楼梯一层平面图　　　◆ 楼梯二层平面图　　　◆ 楼梯三层平面图

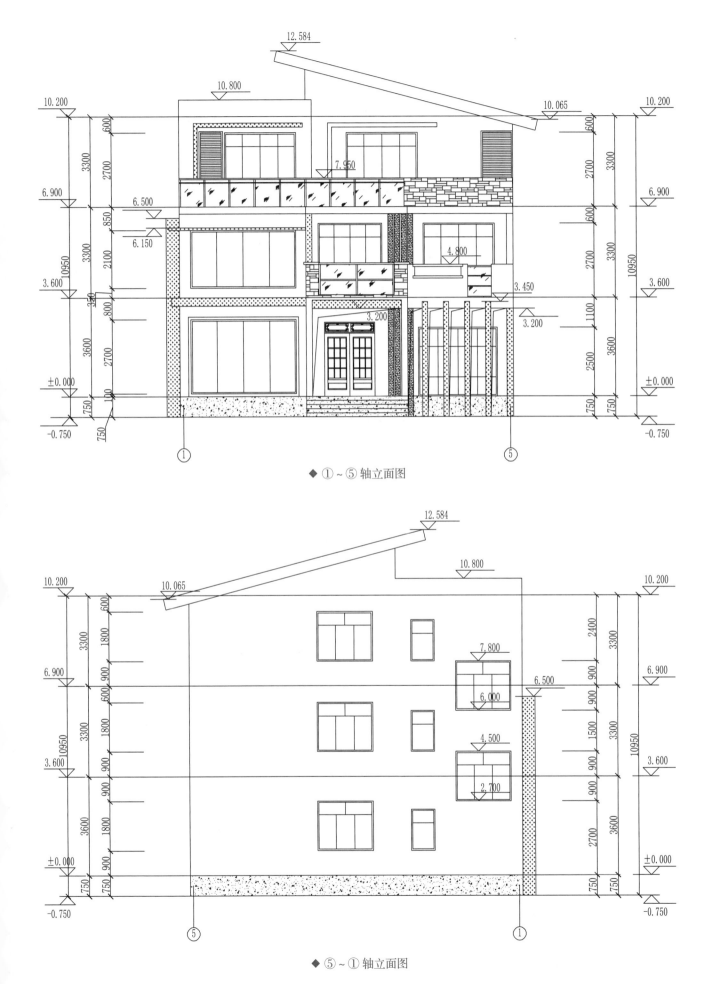

◆ ①~⑤轴立面图

◆ ⑤~①轴立面图

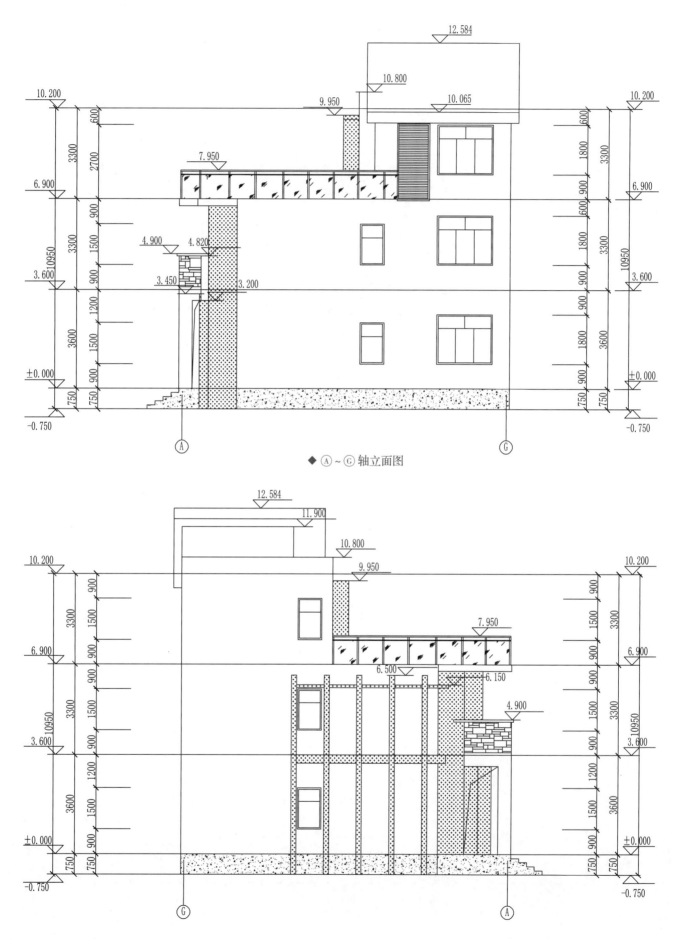

◆ Ⓐ～Ⓖ轴立面图

◆ Ⓖ～Ⓐ轴立面图

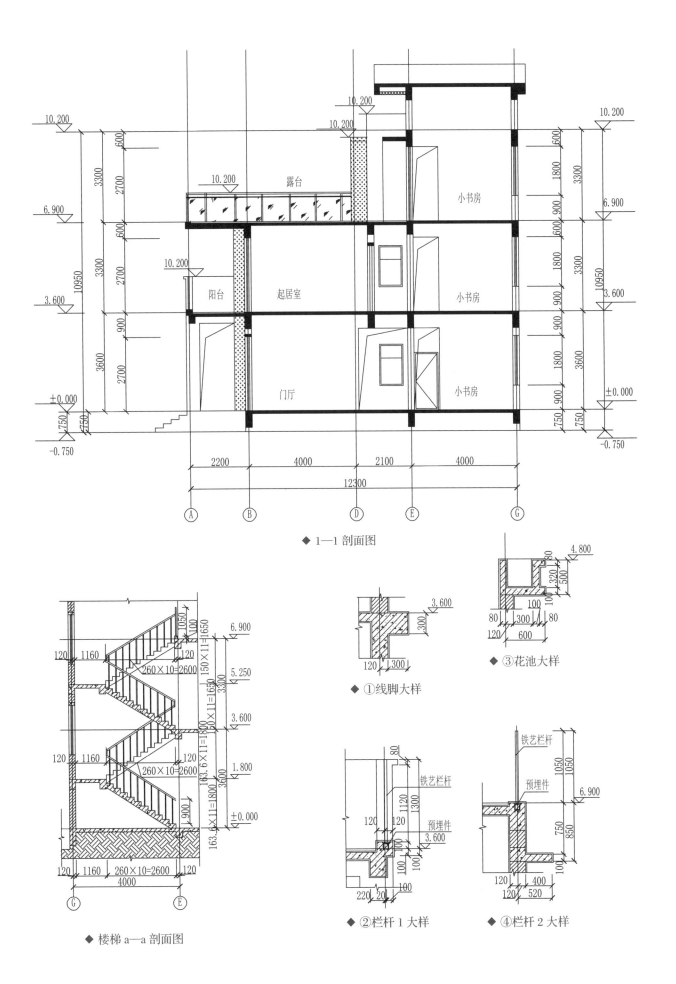

◆ 1—1 剖面图

◆ ①线脚大样

◆ ③花池大样

◆ 楼梯 a—a 剖面图

◆ ②栏杆 1 大样

◆ ④栏杆 2 大样

# 方案 14

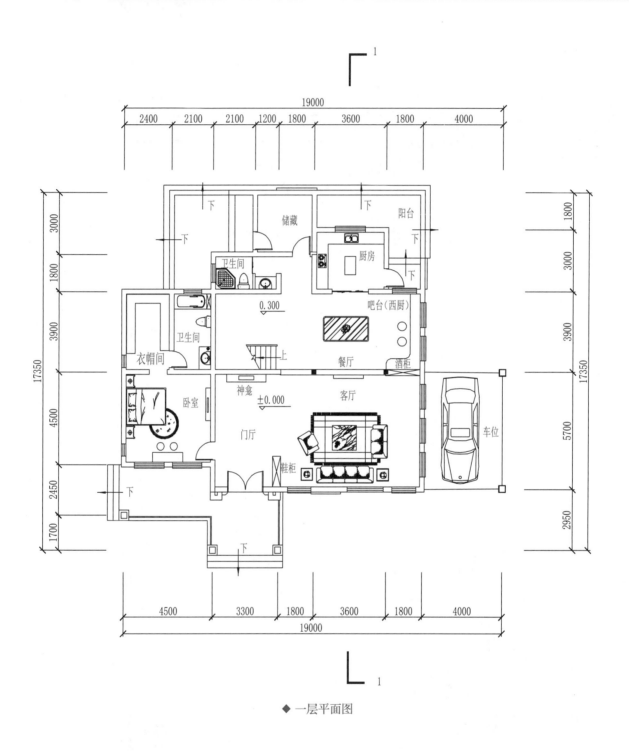

◆ 一层平面图

## 平面图分析

一层主要为客厅、餐厅，此外还增加了停车位，设计较为人性化。二层除了卧室之外还有健身房，方便居住者的日常锻炼。三层的卧室、书房、衣帽间在同一空间内，视野更加开阔。

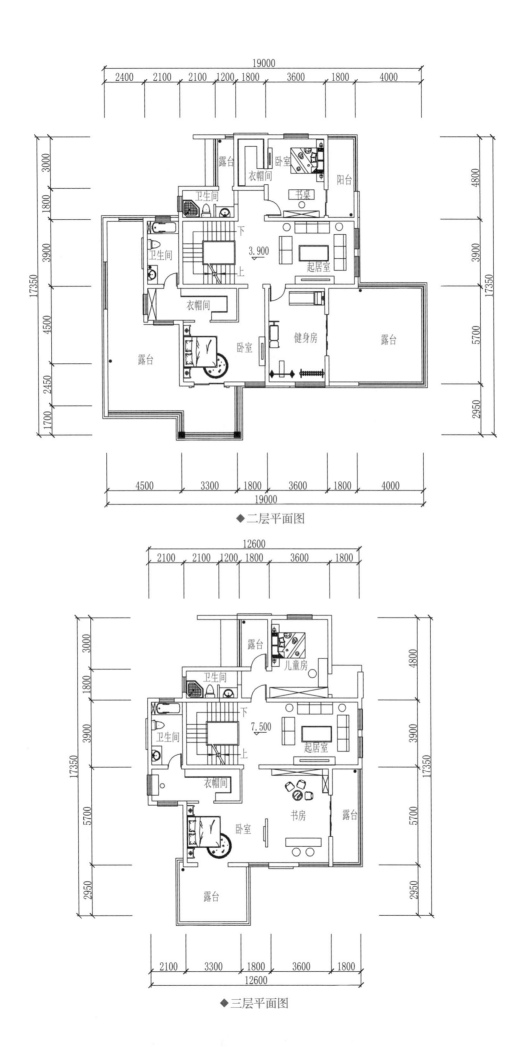

◆二层平面图

◆三层平面图

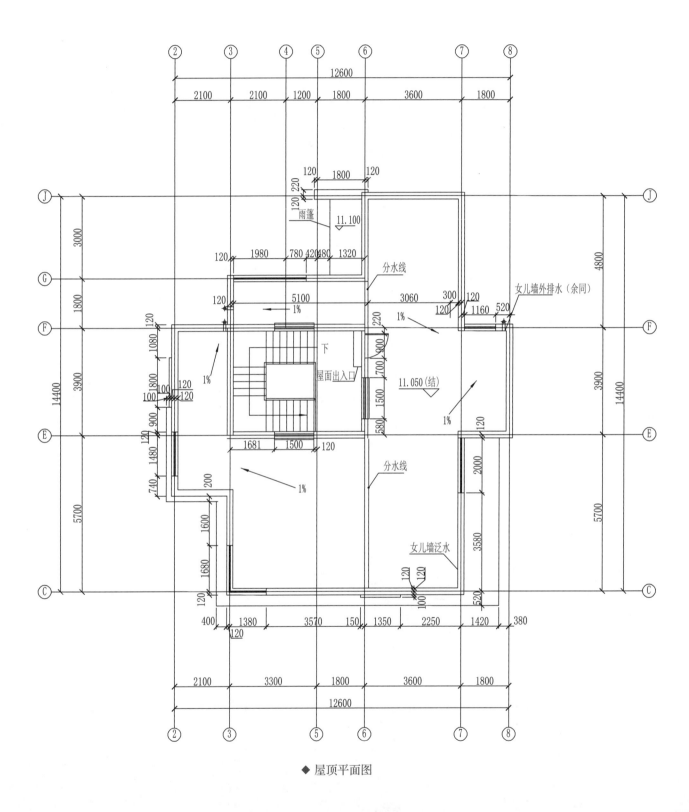

◆ 屋顶平面图

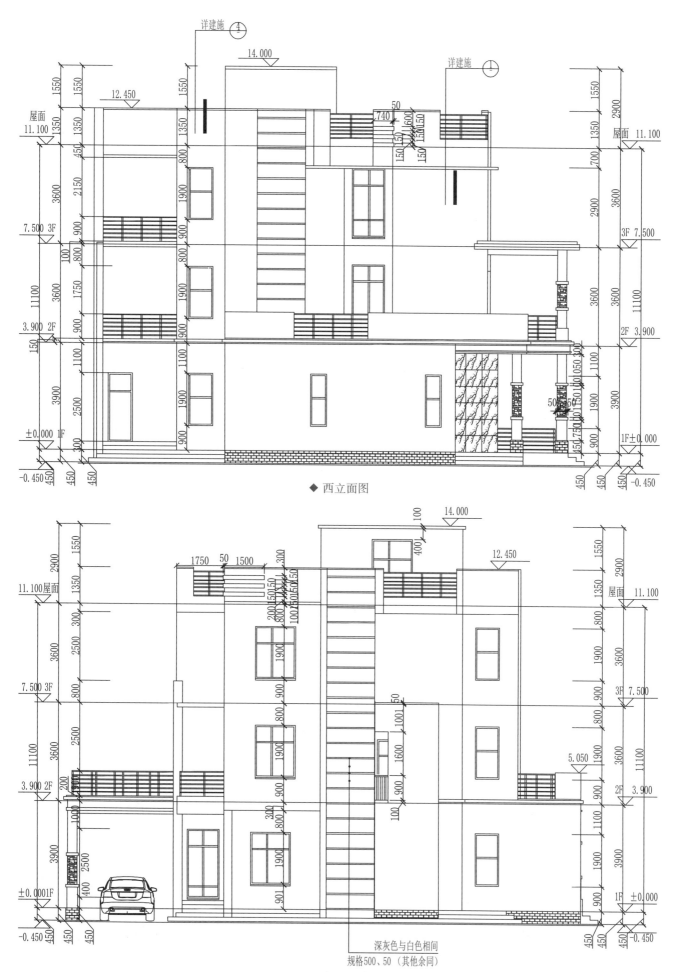

◆ 西立面图

深灰色与白色相间
规格500、50（其他余同）

◆ 南立面图

107

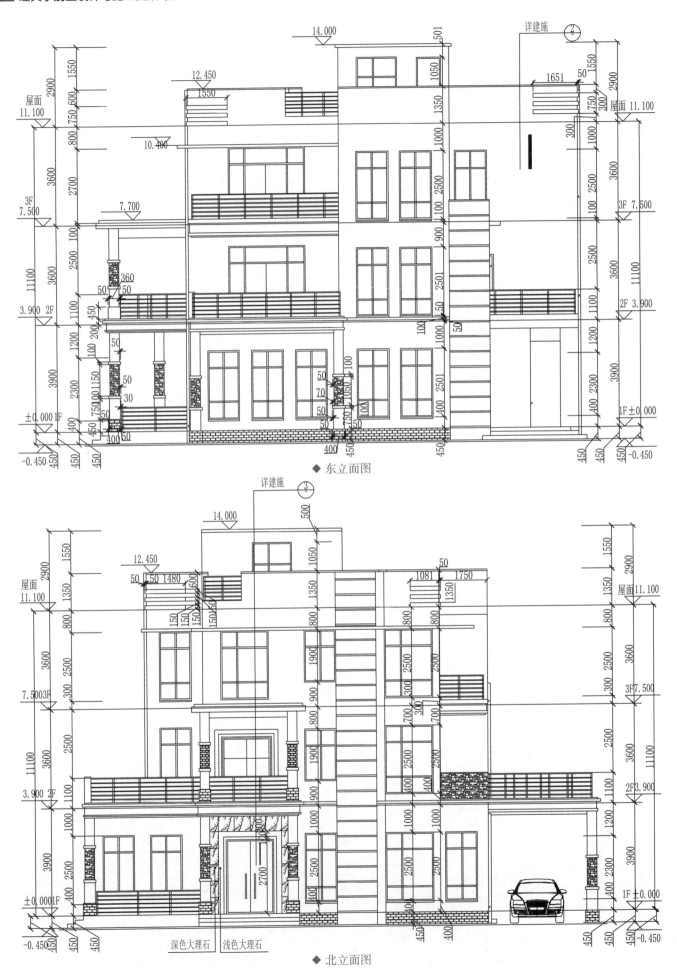

◆ 东立面图

深色大理石　浅色大理石

◆ 北立面图

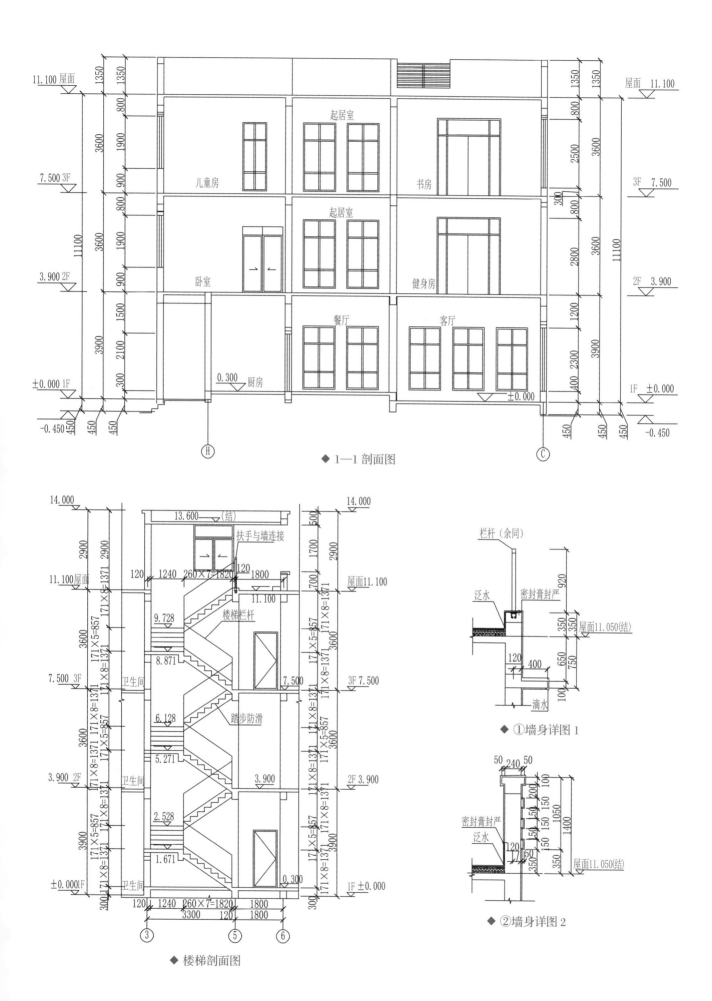

◆ 1—1 剖面图

◆ 楼梯剖面图

栏杆（余同）

泛水　　　密封膏封严

◆ ①墙身详图 1

密封膏封严
泛水

◆ ②墙身详图 2

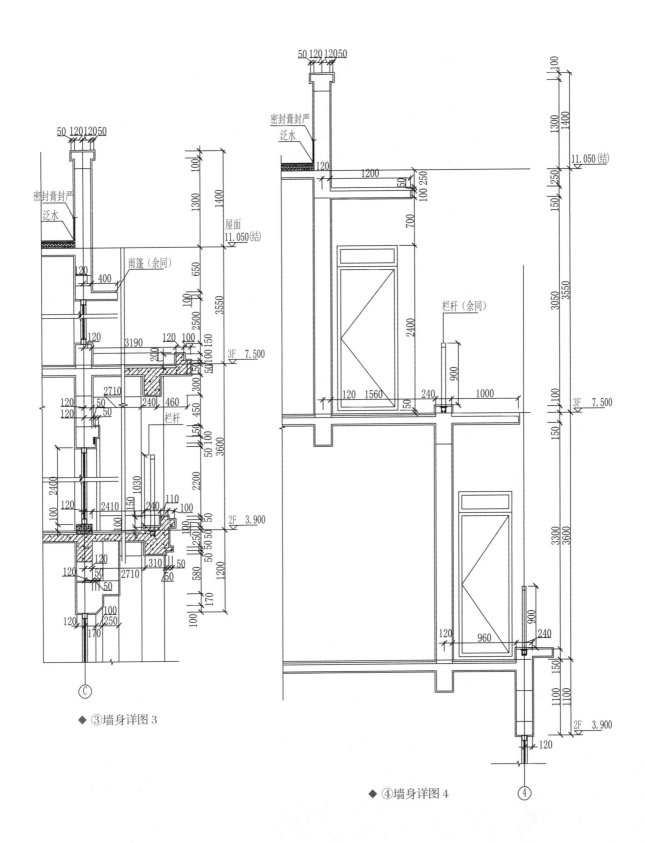

◆ ③墙身详图3

◆ ④墙身详图4

# 方案 15

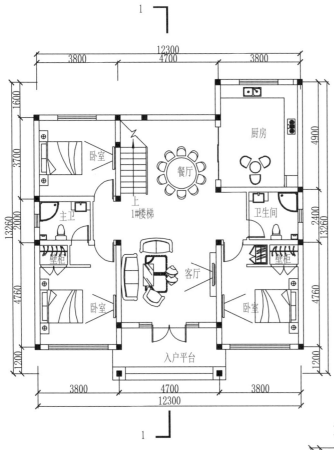

◆ 首层平面图

## 平面图分析

一层、二层的卧室总数较多，如有来访的亲朋好友也能住得下。客厅为挑空设计，使得空间之间的联系感更强。

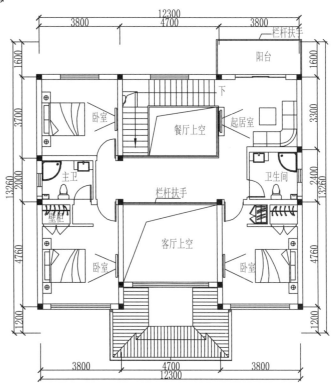

◆ 二层平面图

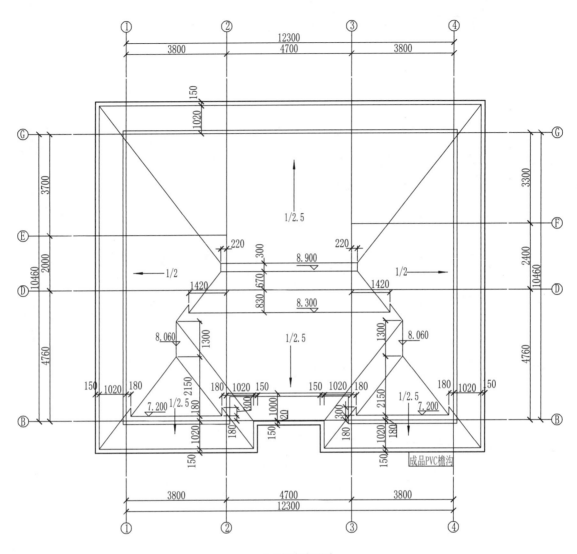

◆ 屋顶平面图

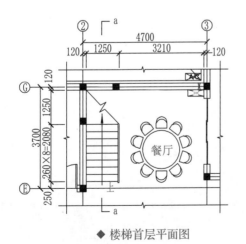

◆ 楼梯首层平面图

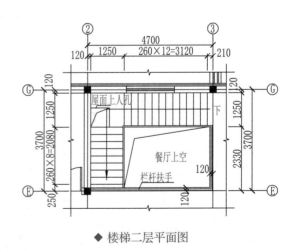

◆ 楼梯二层平面图

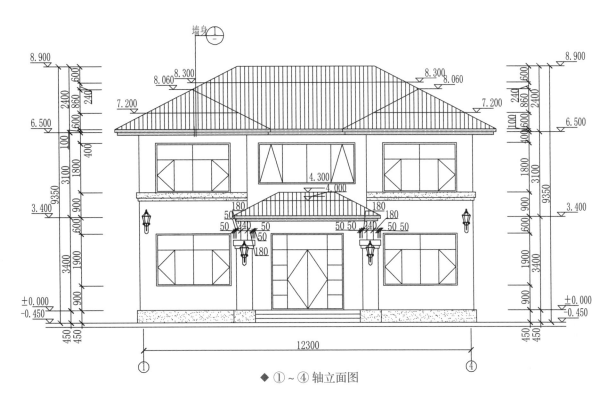

◆ ①～④轴立面图

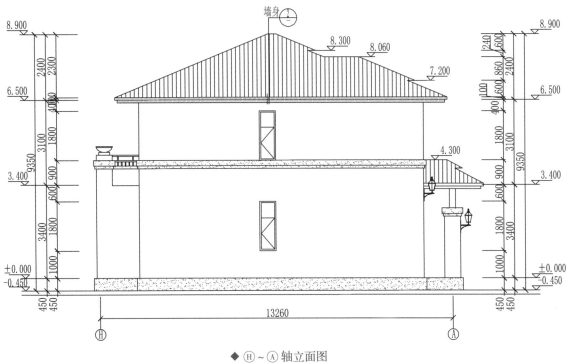

◆ Ⓗ～Ⓐ轴立面图

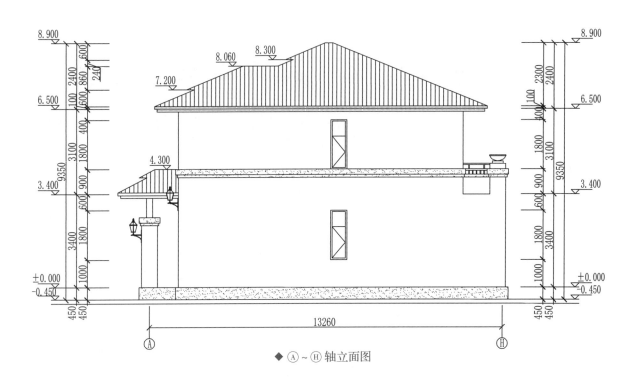

◆ Ⓐ~Ⓗ轴立面图

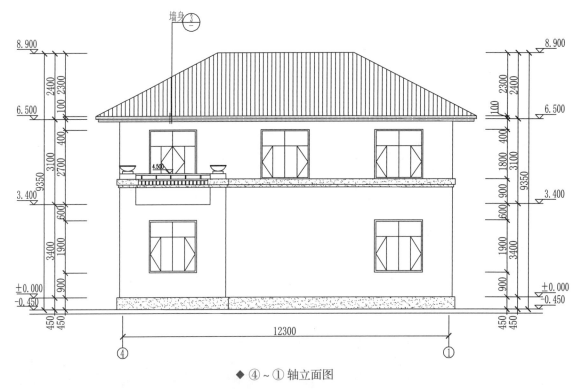

◆ ④~①轴立面图

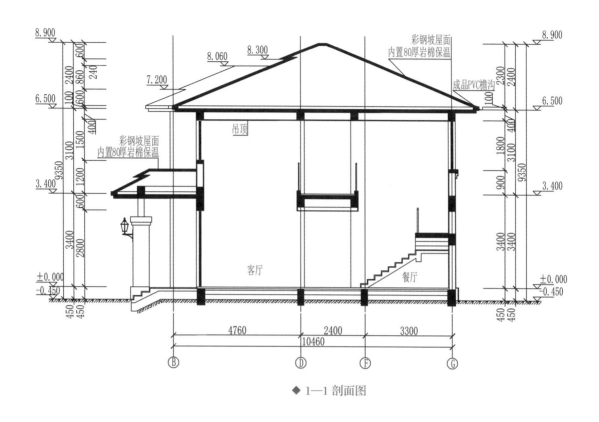

◆ 1—1 剖面图

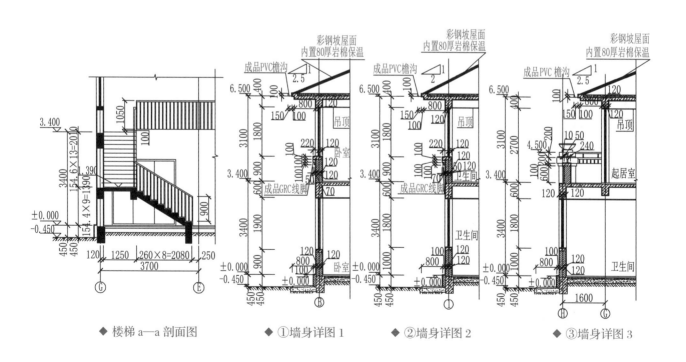

◆ 楼梯 a—a 剖面图　　　◆ ①墙身详图 1　　　◆ ②墙身详图 2　　　◆ ③墙身详图 3

# 方案 16

现代风格　两层　建筑面积约302m²（本方案效果图见016页）

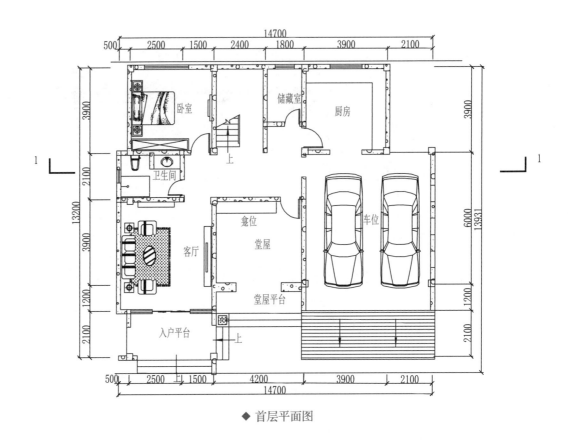

◆ 首层平面图

## 平面图分析

一层要能够满足三代人居住，所以起居空间较大；除此之外，放大客厅及餐厅的面积，并让其空间多设采光窗，满足家人的日常生活。二层的主卧室做成套间，保证主人的私密起居不受干扰。

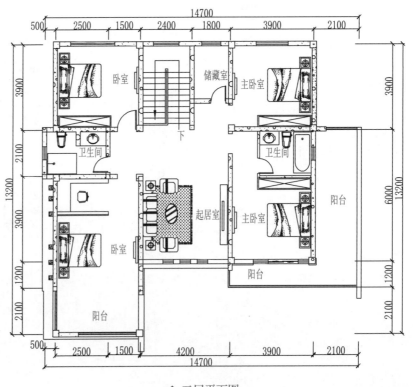

◆ 二层平面图

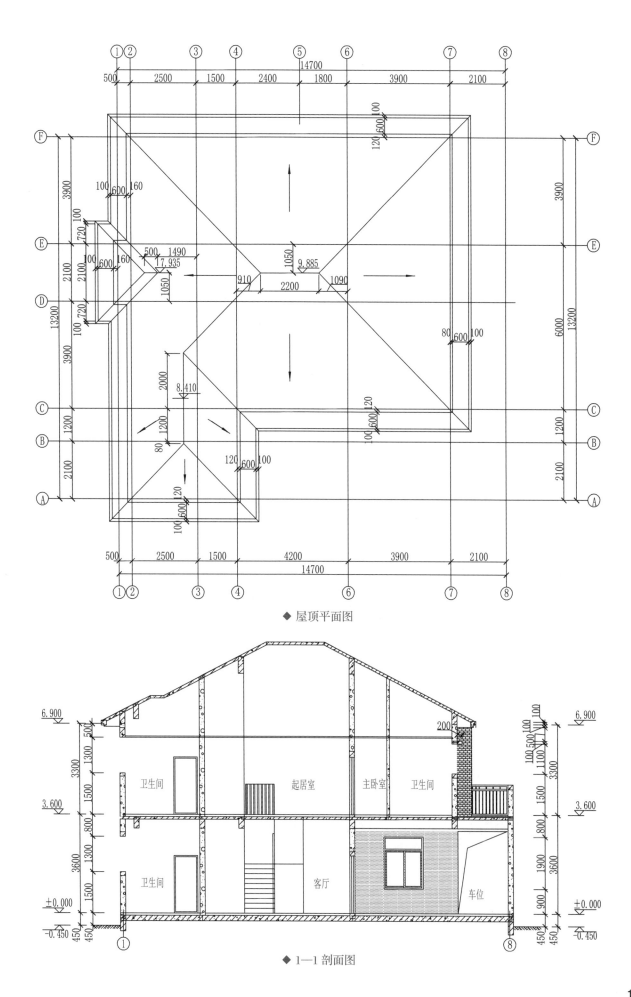

◆ 屋顶平面图

◆ 1—1 剖面图

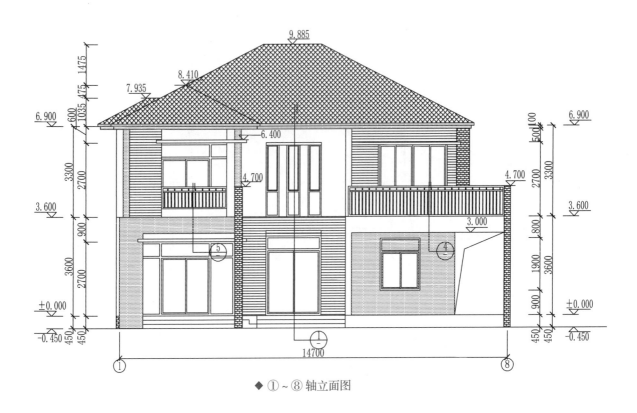

◆ ①~⑧轴立面图

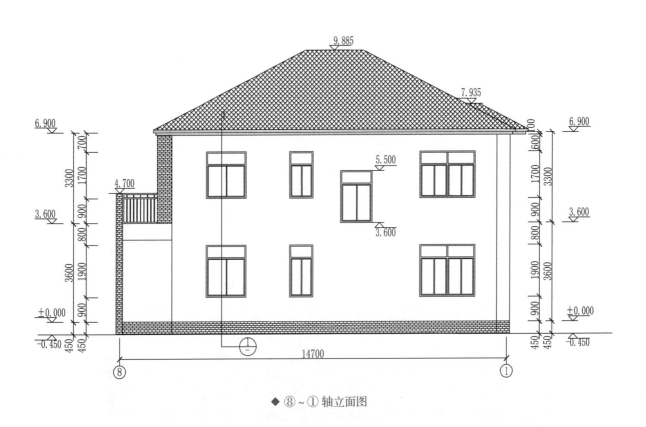

◆ ⑧~①轴立面图

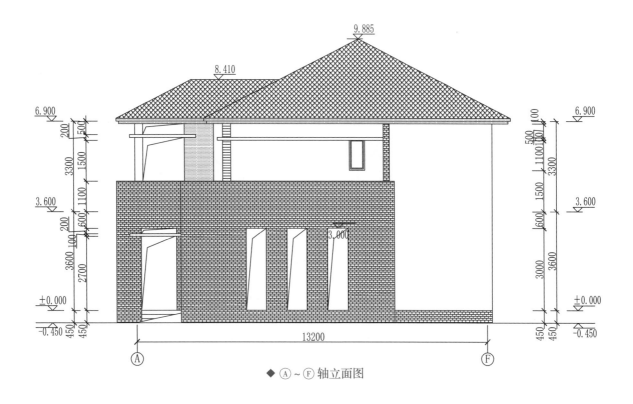

◆ Ⓐ~Ⓕ 轴立面图

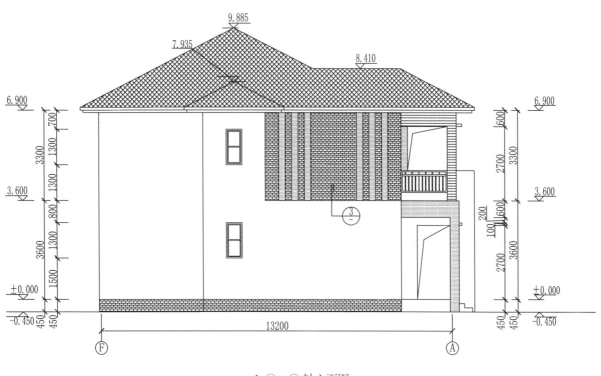

◆ Ⓕ~Ⓐ 轴立面图

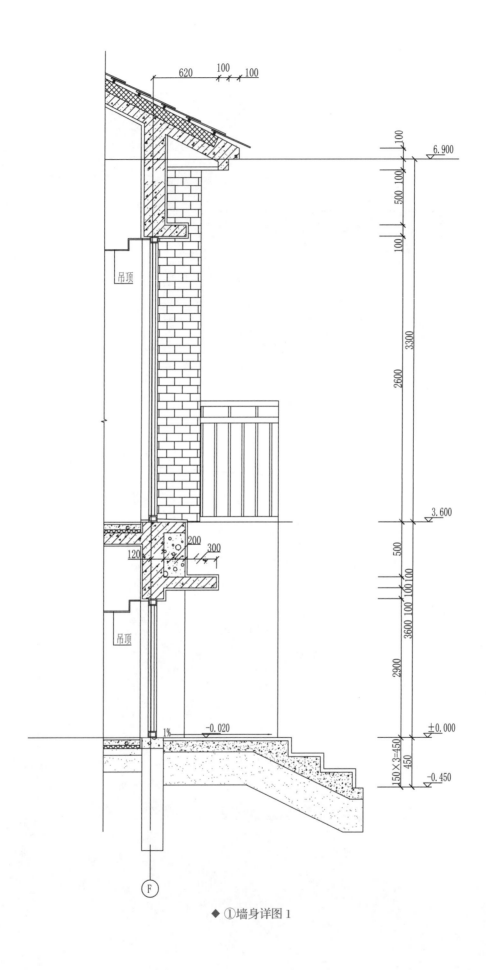

◆ ①墙身详图 1

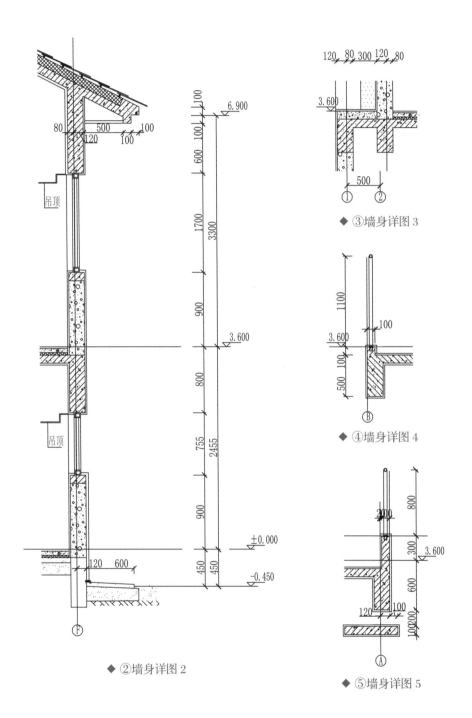

◆ ②墙身详图 2

◆ ③墙身详图 3

◆ ④墙身详图 4

◆ ⑤墙身详图 5

# 方案 17

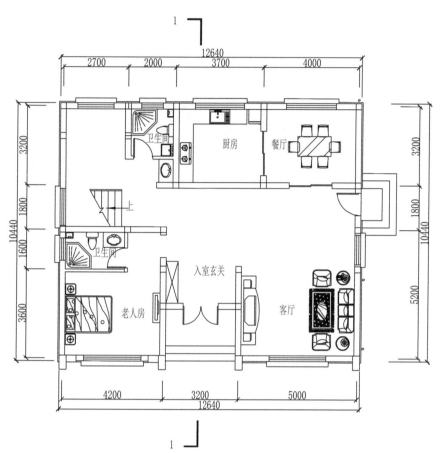

◆ 首层平面图

## 平面图分析

一层的卧室为老人房，方便家中老人日常活动，且避免了爬楼梯。二层为三间卧室以及一间棋牌室，既有休息空间又有娱乐空间。

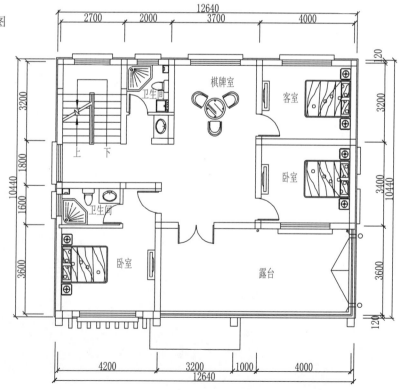

◆ 二层平面图

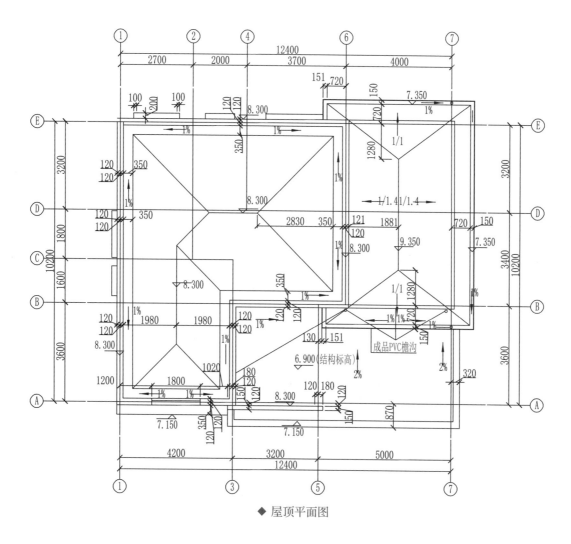

◆ 屋顶平面图

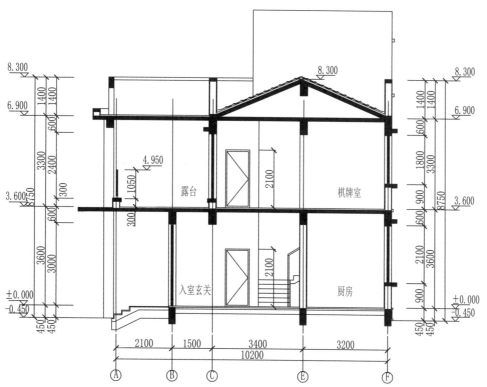

◆ 1—1 剖面图

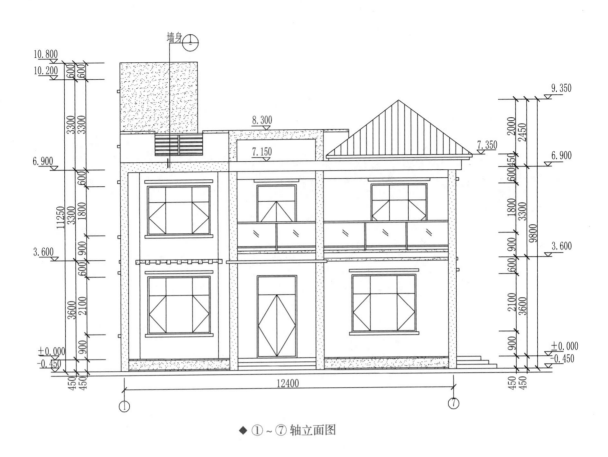

◆ ①~⑦轴立面图

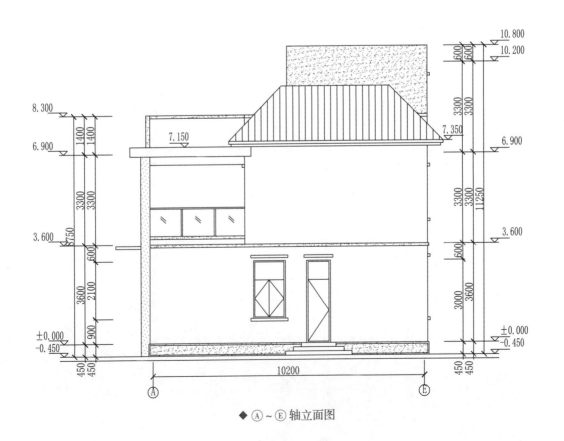

◆ Ⓐ~Ⓔ轴立面图

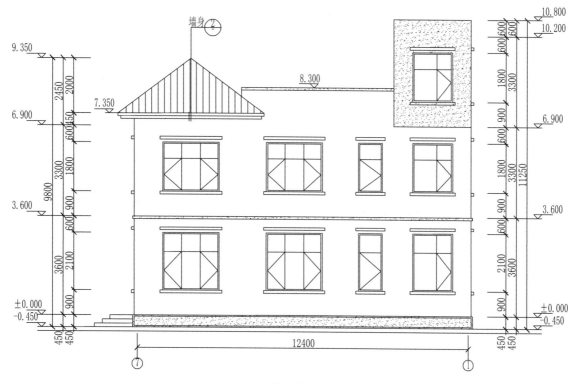

◆ ⑦~① 轴立面图

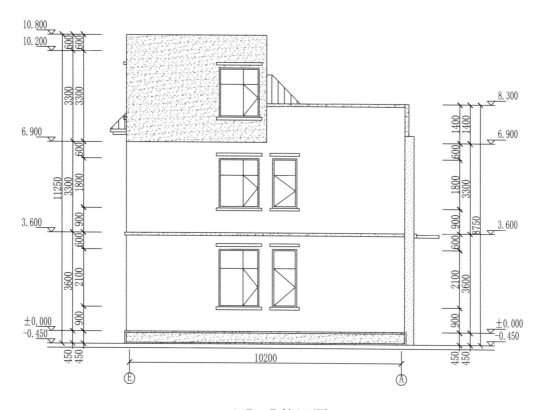

◆ Ⓔ~Ⓐ 轴立面图

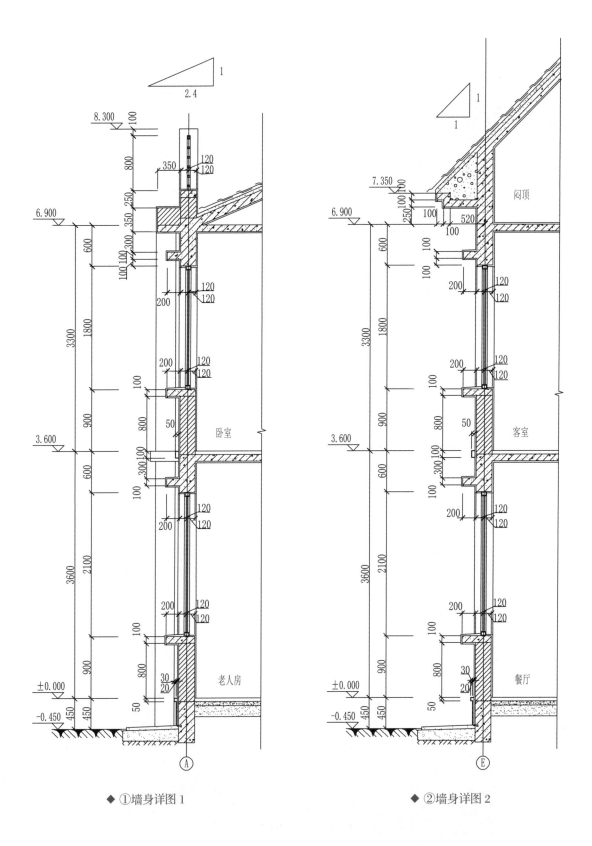

◆ ①墙身详图 1　　　　　◆ ②墙身详图 2

# 方案 1日

现代风格 两层 建筑面积约 366m²（本方案效果图见 018 页）

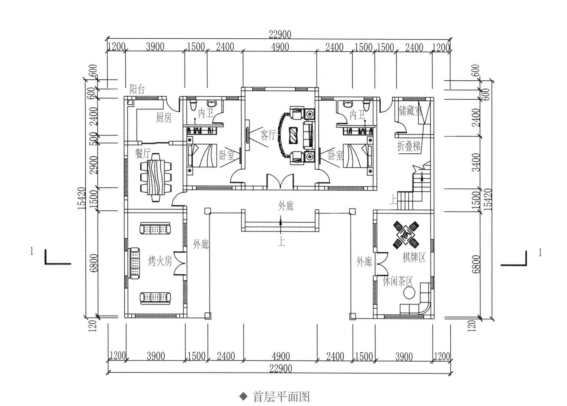

◆ 首层平面图

## 平面图分析

一层的三面房间都独立开门，外面通过外廊连接；利用三合建筑形态，更好地将区域功能划分出来，正房起居，两侧分别为厨房、餐厅、烤火房和棋牌区；二层全部为起居空间，都带有独立卫生间，使得房间具有较好的私密性。

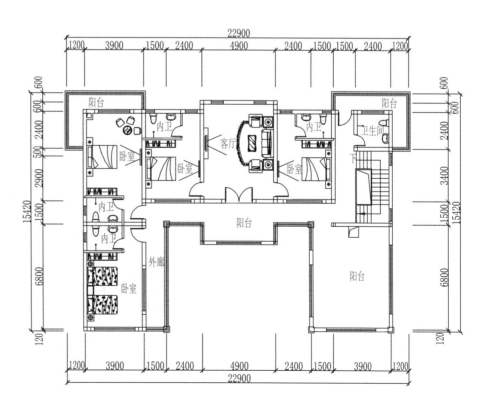

◆ 二层平面图

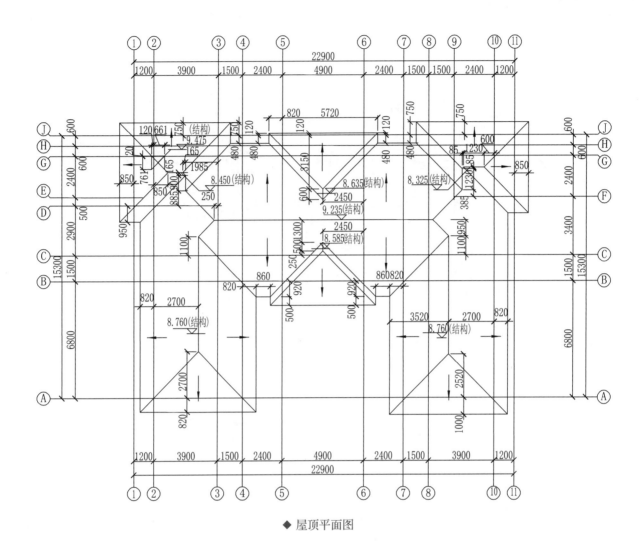

◆ 屋顶平面图

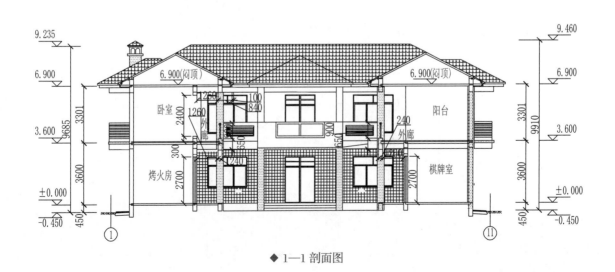

◆ 1—1 剖面图

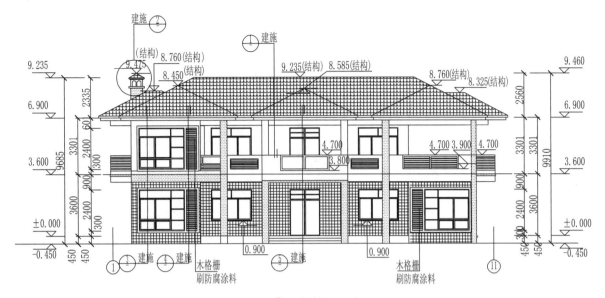

◆ ①~⑪轴立面图

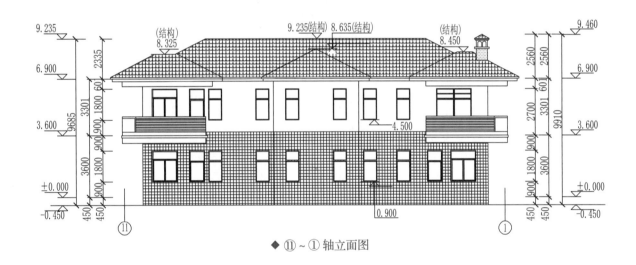

◆ ⑪~①轴立面图

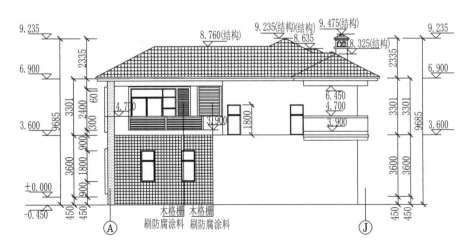

◆ Ⓐ~Ⓙ轴立面图

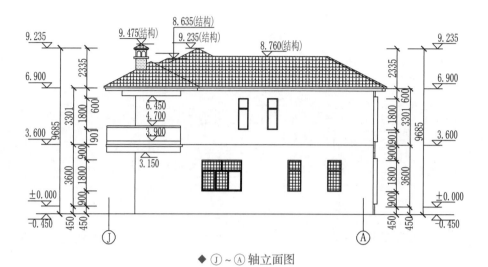

◆ Ⓙ～Ⓐ 轴立面图

◆ ①墙身详图1（阳台遇实体墙处详图）

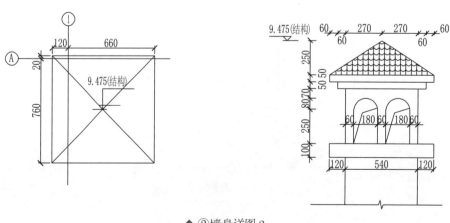

◆ ②墙身详图2

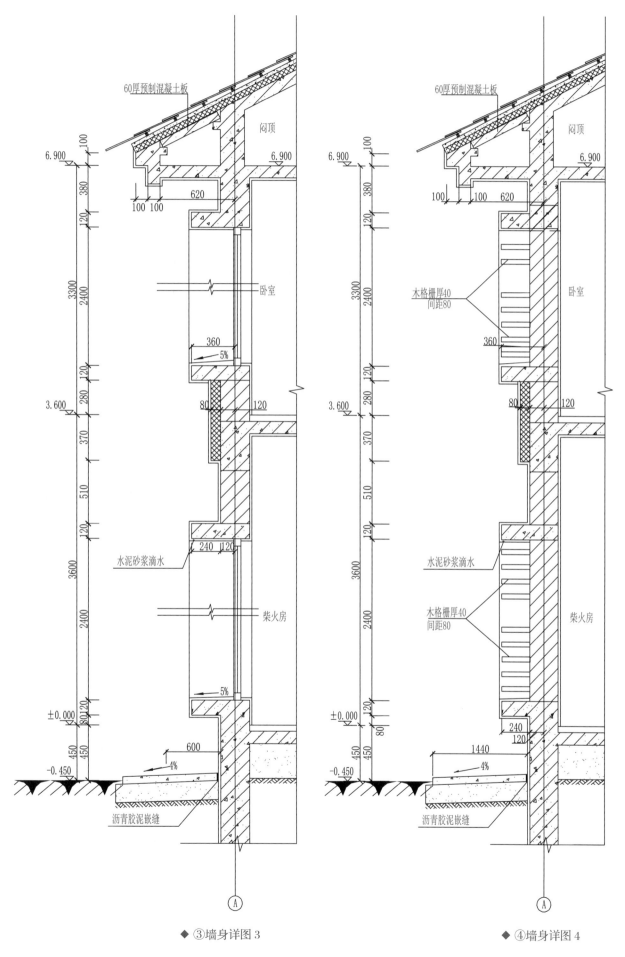

60厚预制混凝土板
闷顶
6.900
6.900
100
380
620
100 100
120
3300
2400
卧室
360
5%
120
280
3.600
80
120
370
510
120
水泥砂浆滴水
240 120
3600
2400
柴火房
5%
±0.000
80 120
450
450
600
4%
-0.450
沥青胶泥嵌缝

60厚预制混凝土板
闷顶
6.900
6.900
100
380
100 100 620
120
3300
2400
木格栅厚40
间距80
卧室
360
280
80
120
3.600
370
510
120
水泥砂浆滴水
240
3600
2400
木格栅厚40
间距80
柴火房
±0.000
120
80
450
450
240
120
1440
4%
-0.450
沥青胶泥嵌缝

A

A

◆ ③墙身详图 3

◆ ④墙身详图 4

131

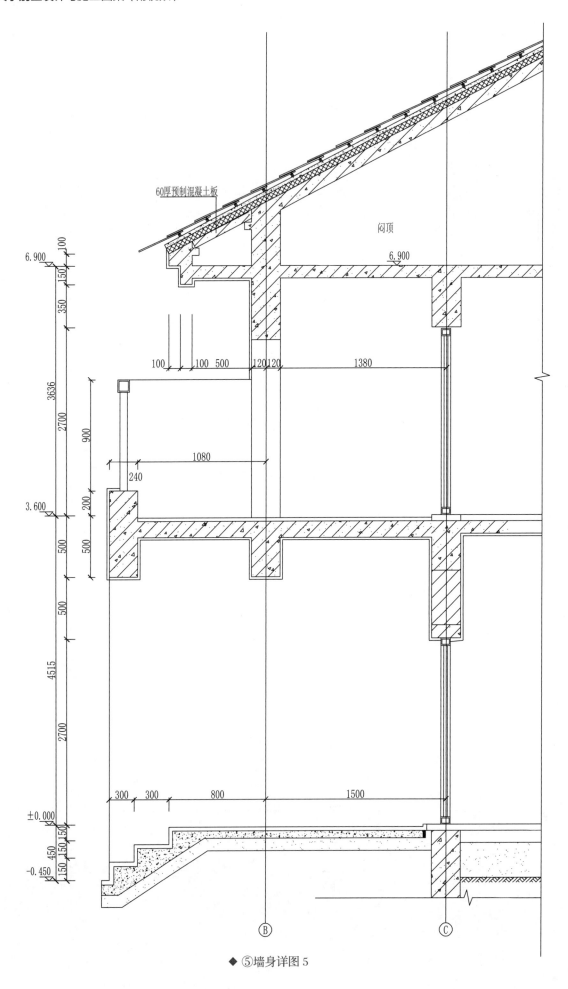

◆ ⑤墙身详图 5

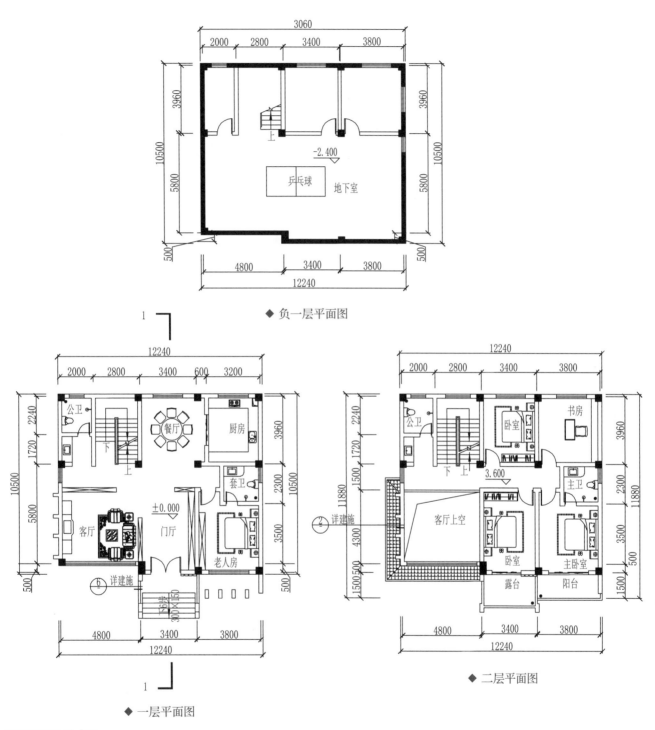

◆ 负一层平面图

◆ 一层平面图

◆ 二层平面图

## 平面图分析

负一层为较少见的地下室设计，除了常用的储藏功能，更开发了能够临时暂用的多功能备用房，另有半开放的空间可做娱乐休闲场所，既能尽情放松，又能减少噪声污染。一层的客厅与门厅相连，室内空间更加通透开阔；一层老人房配有独立卫生间，居家生活更加舒适便捷。二层多卧室的设计，既适合多人口的大家庭居住，又能周到地招待客人留宿。

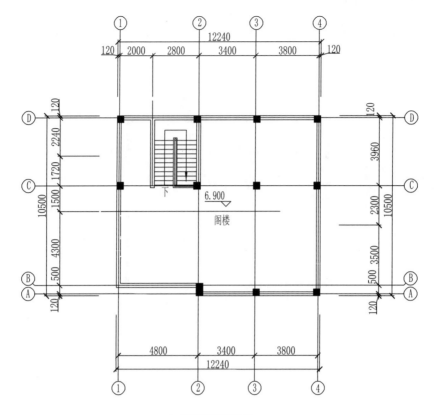

◆ 阁楼层平面图

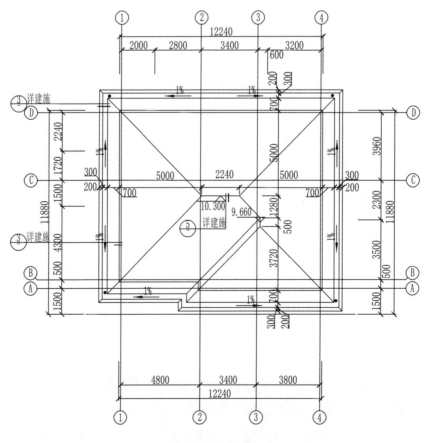

◆ 屋顶层平面图

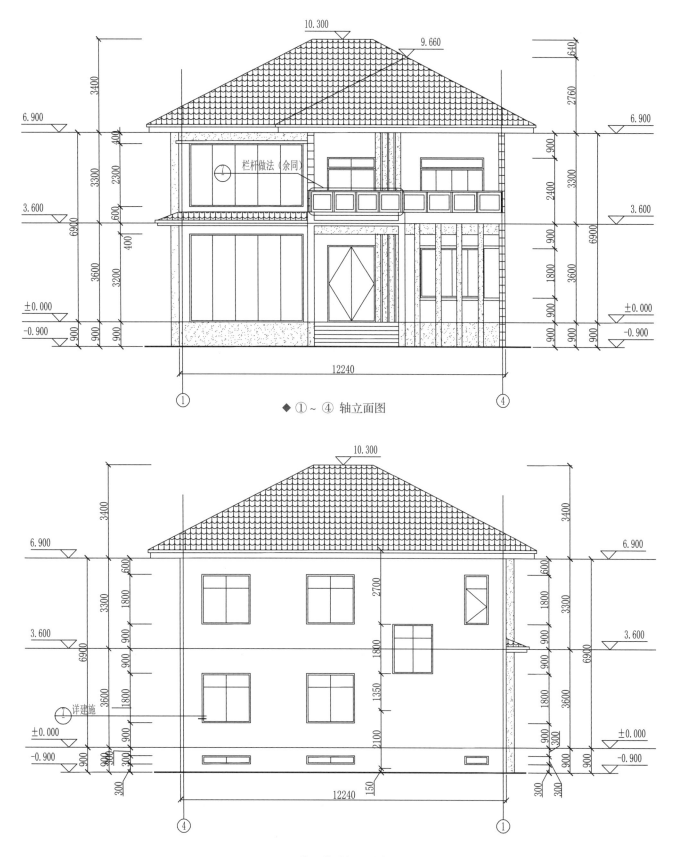

10.300

9.660

6.900

3.600

±0.000

-0.900

栏杆做法（余同）

12240

①

④

◆ ①~④ 轴立面图

10.300

6.900

3.600

±0.000

-0.900

详建施

12240

150

④

①

◆ ④~① 轴立面图

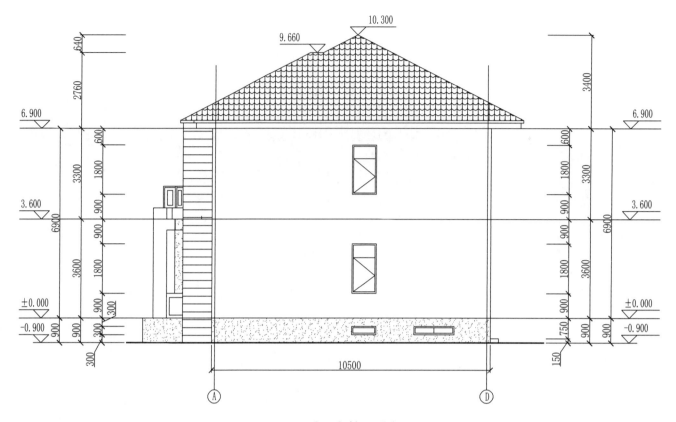

◆ Ⓐ ~ Ⓓ 轴立面图

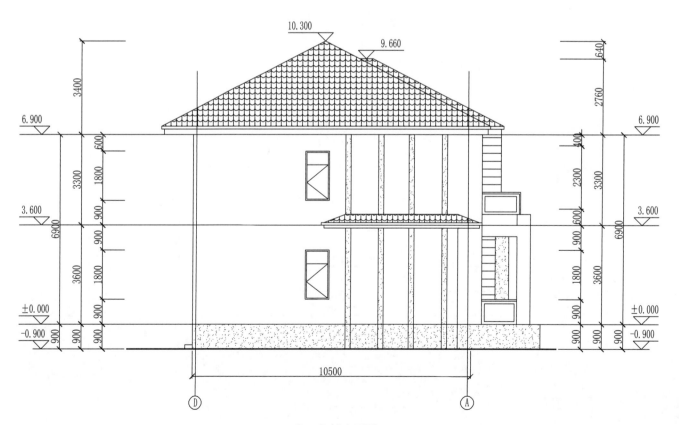

◆ Ⓓ ~ Ⓐ 轴立面图

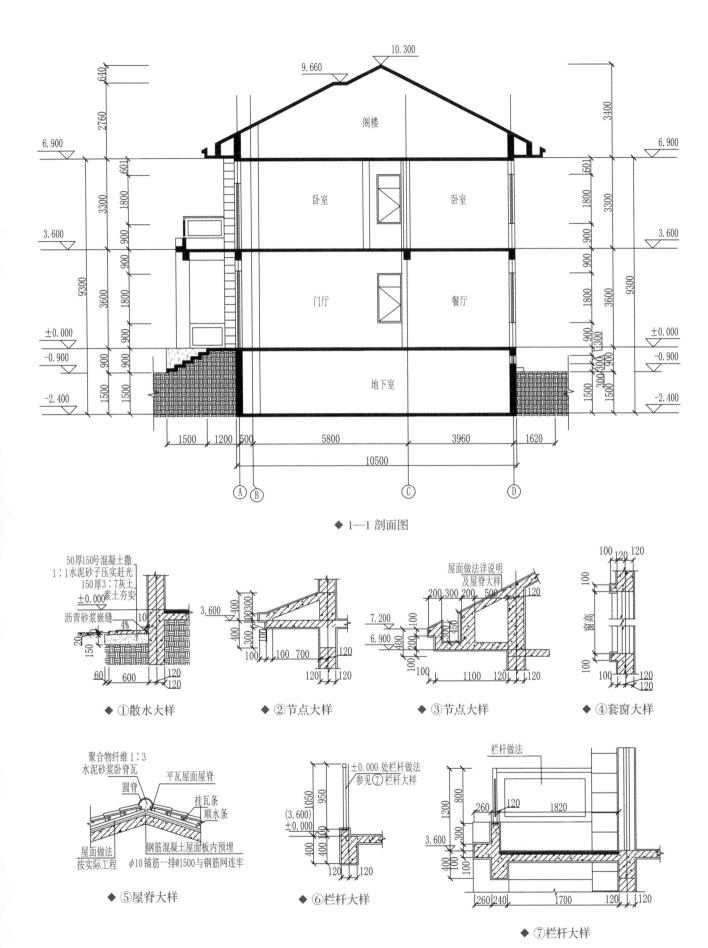

◆ 1—1 剖面图

◆ ①散水大样

◆ ②节点大样

◆ ③节点大样

◆ ④套窗大样

◆ ⑤屋脊大样

◆ ⑥栏杆大样

◆ ⑦栏杆大样

# 方案 20

中式风格　两层　建筑面积约 1122m² （本方案效果图见 020 页）

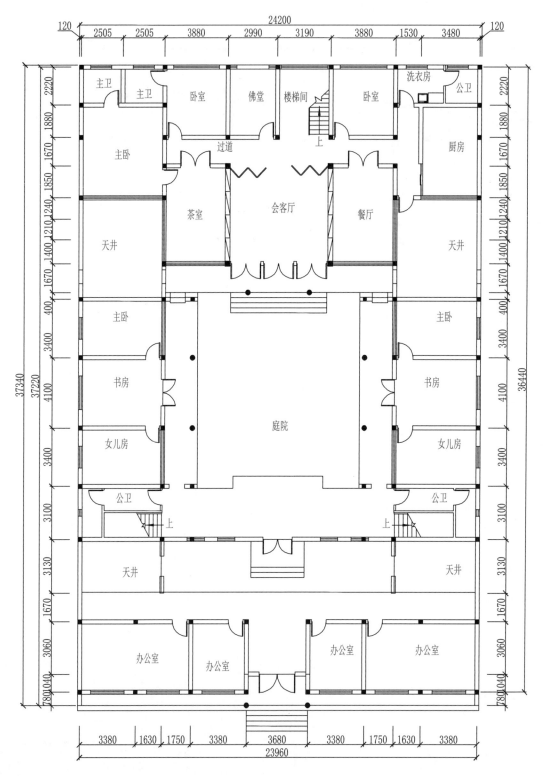

◆ 院落一层平面图

## 平面图分析

别墅内院落面积较大，卧室数量较多，适合一家几代人一起居住。

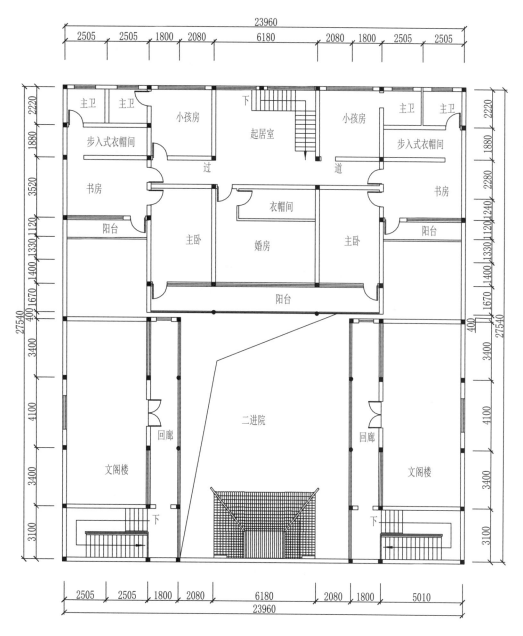

◆ 院落二层平面图

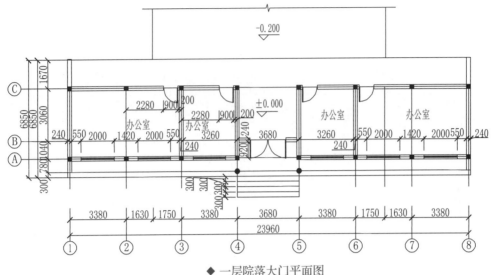

◆ 一层院落大门平面图

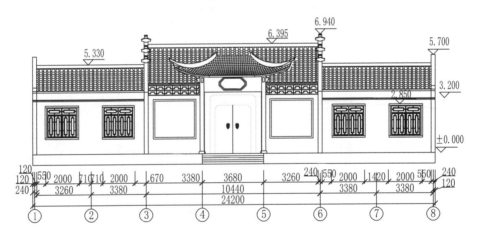

◆ 一层院落大门正立面图

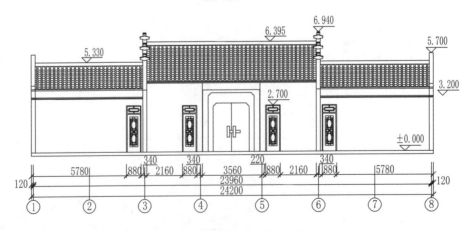

◆ 一层院落大门背立面图

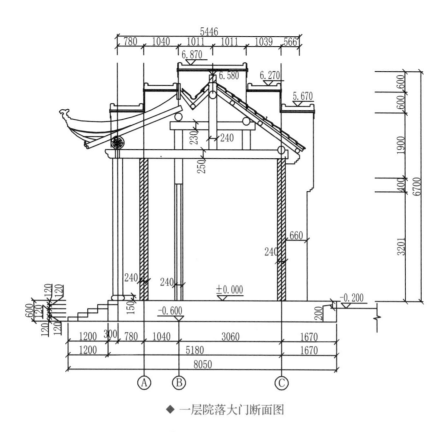

◆ 一层院落大门断面图

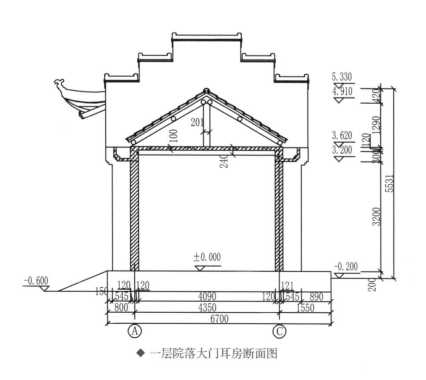

◆ 一层院落大门耳房断面图

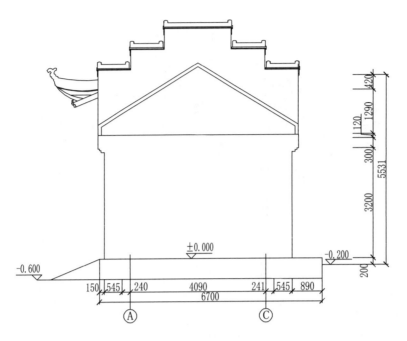

◆ 一层院落大门侧立面图

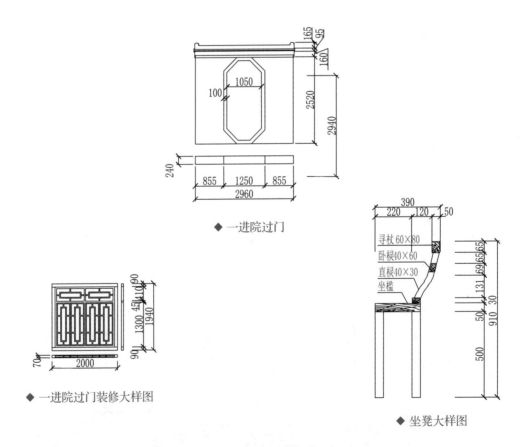

◆ 一进院过门

◆ 一进院过门装修大样图

◆ 坐凳大样图

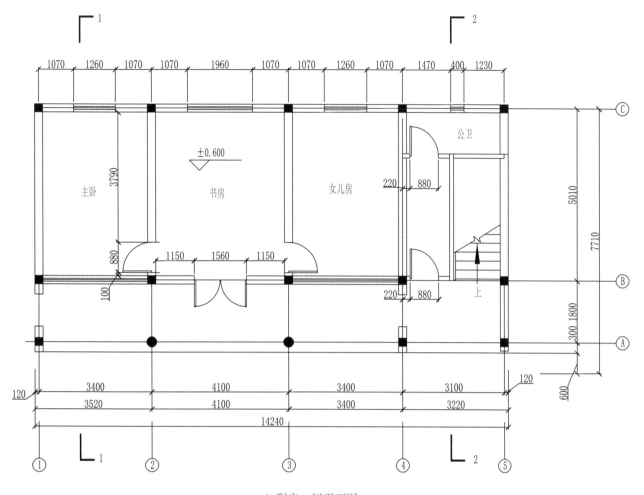

◆ 配房一层平面图

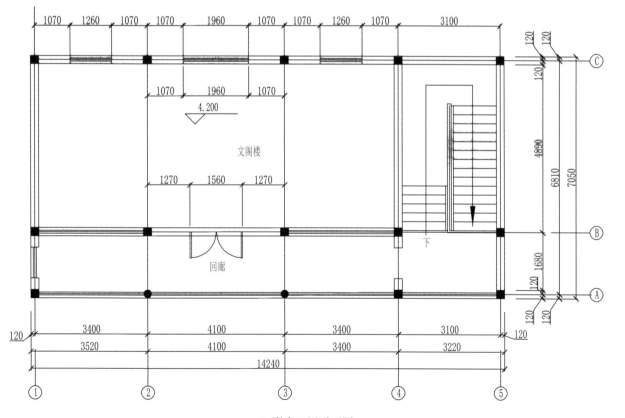

◆ 配房二层平面图

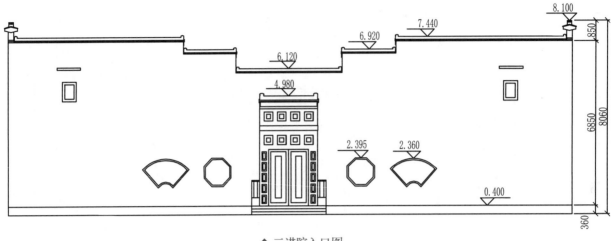

◆ 二进院入口图

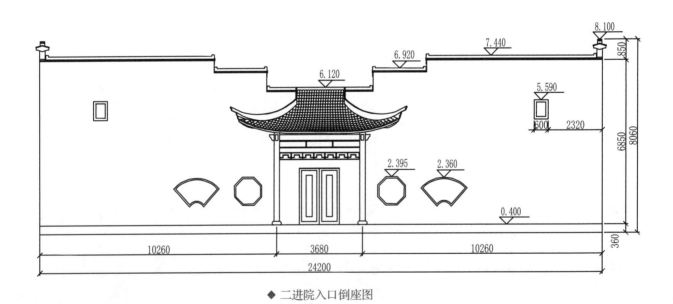

◆ 二进院入口倒座图

◆ 二配房正立面图

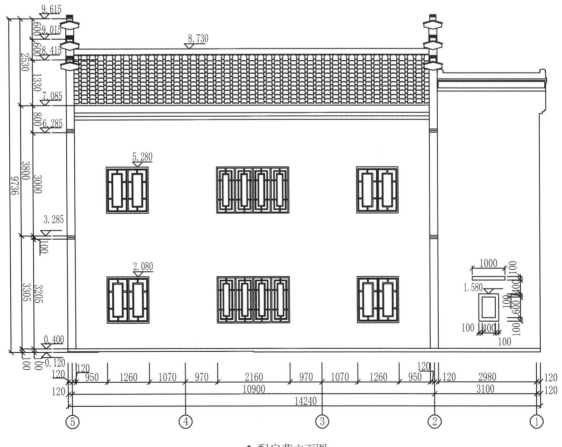

◆ 配房背立面图

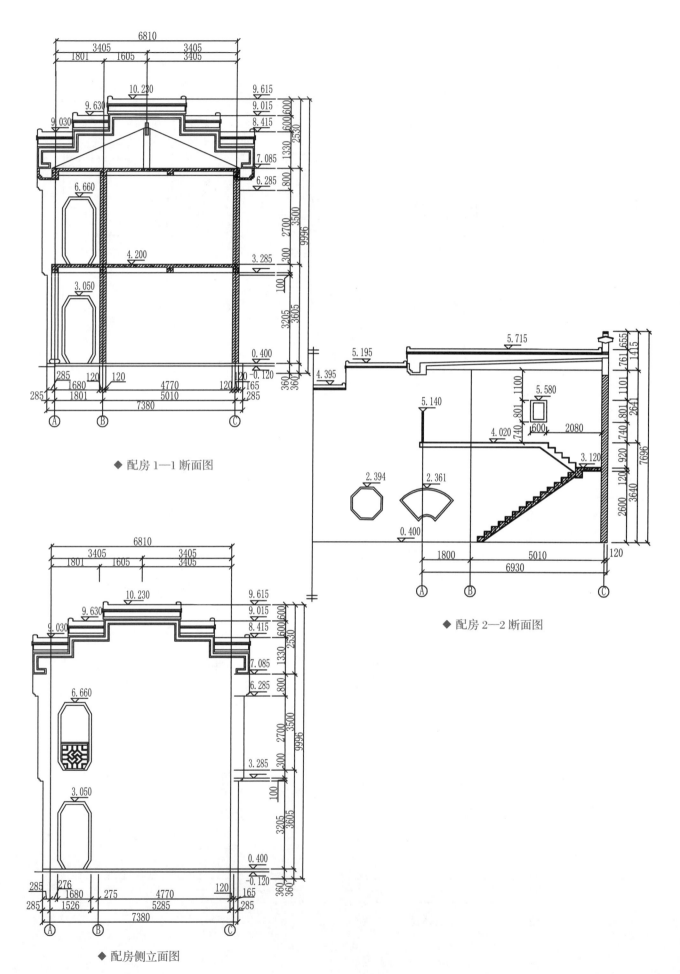

◆ 配房 1—1 断面图

◆ 配房 2—2 断面图

◆ 配房侧立面图

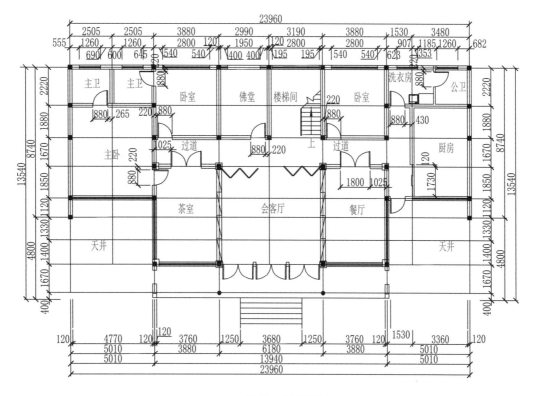

◆ 正房一层平面图

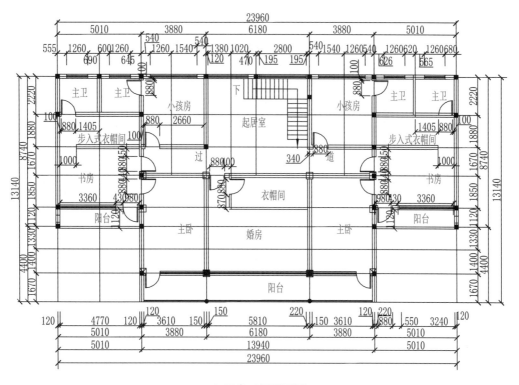

◆ 正房二层平面图

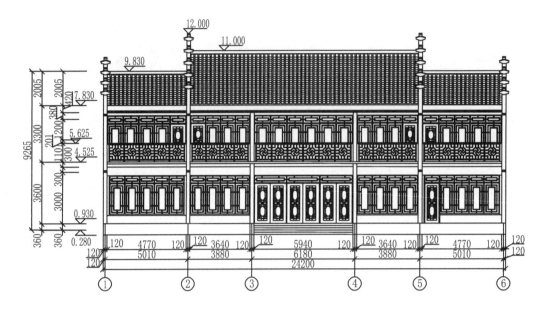

◆ 正房正立面图

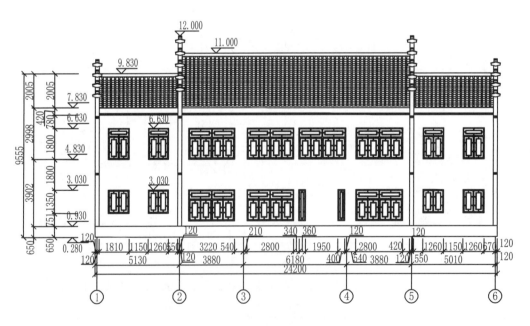

◆ 正房背立面图

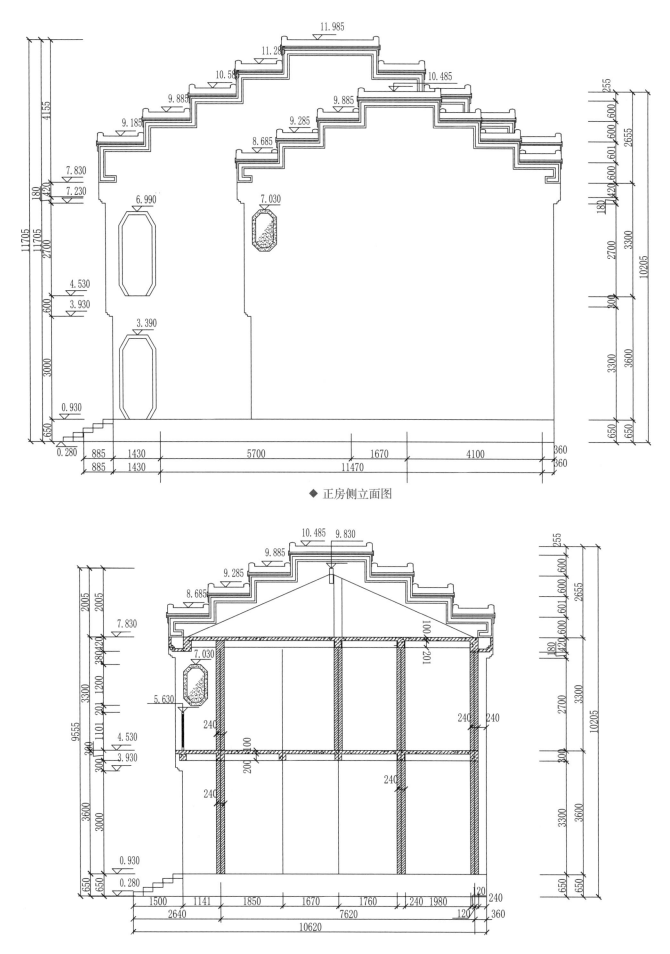

◆ 正房侧立面图

◆ 正房耳房断面图

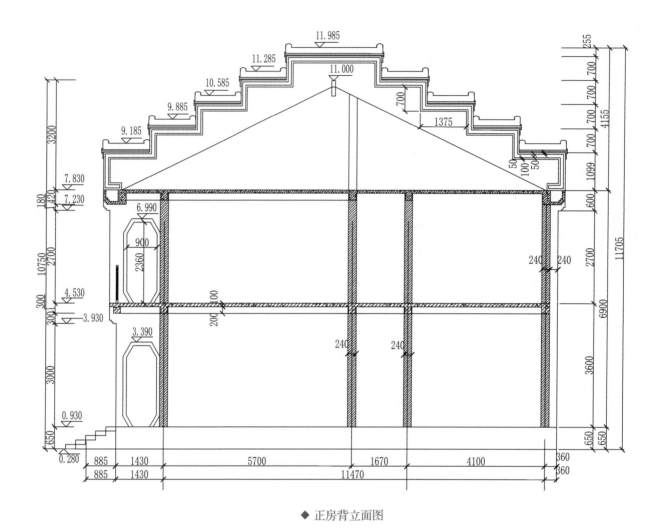

◆ 正房背立面图

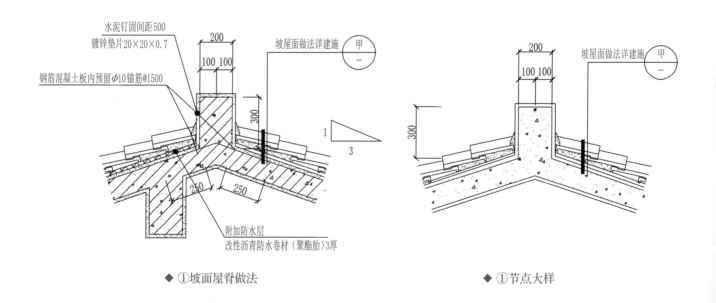

水泥钉固间距500
镀锌垫片20×20×0.7
钢筋混凝土板内预留φ10锚筋@1500
坡屋面做法详建施
附加防水层
改性沥青防水卷材（聚酯胎）3厚

◆ ①坡面屋脊做法

坡屋面做法详建施

◆ ①节点大样

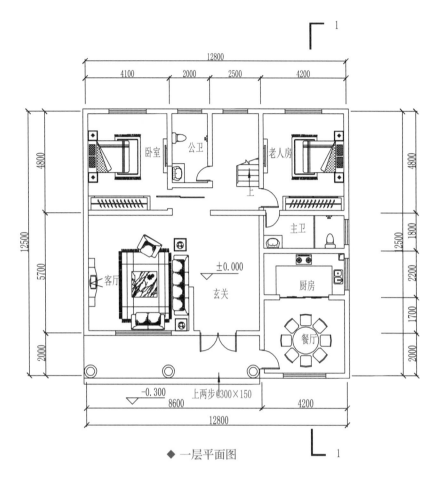

◆ 一层平面图

## 平面图分析

一层主要为老人房以及客厅、餐厅，日常活动空间在一层，免去老人爬楼梯的烦恼。二层为三间卧室，供家里除老人以外的成员休息，互不干扰。

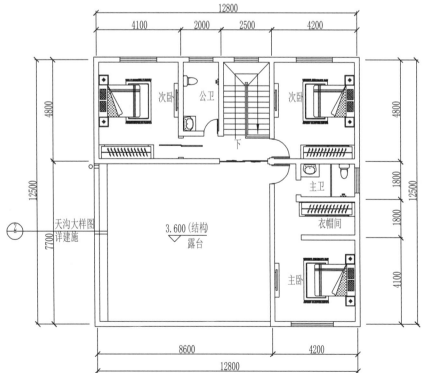

◆ 二层平面图

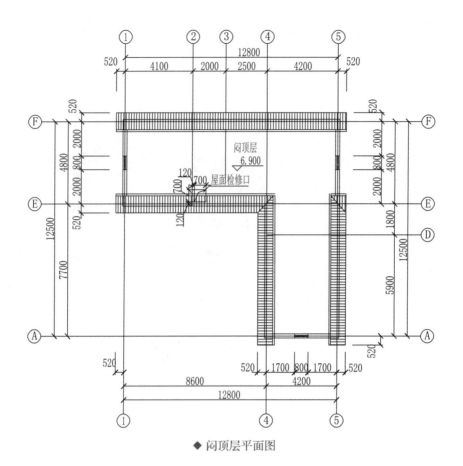

◆ 闷顶层平面图

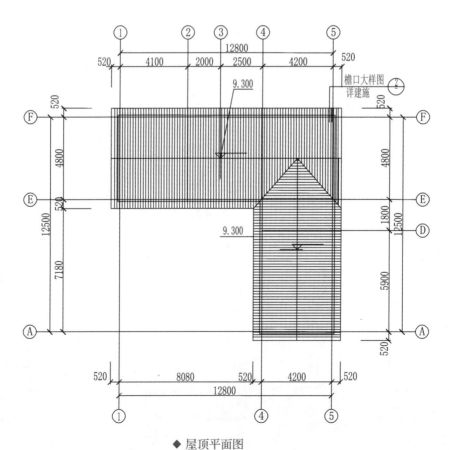

◆ 屋顶平面图

◆ ①～⑤轴立面图

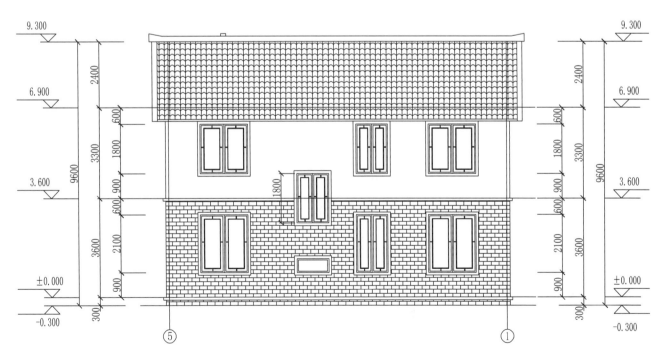

◆ ⑤～①轴立面图

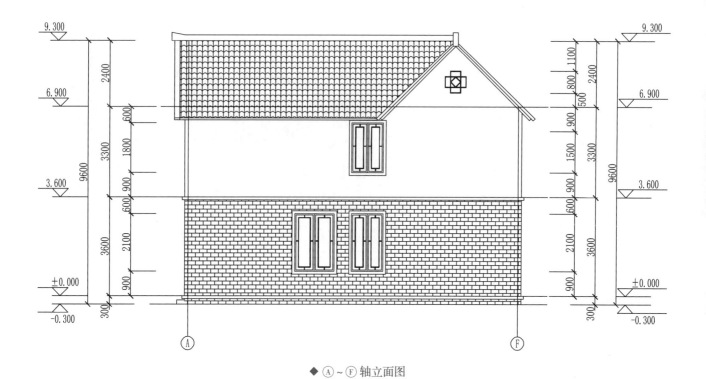

◆ Ⓐ~Ⓕ 轴立面图

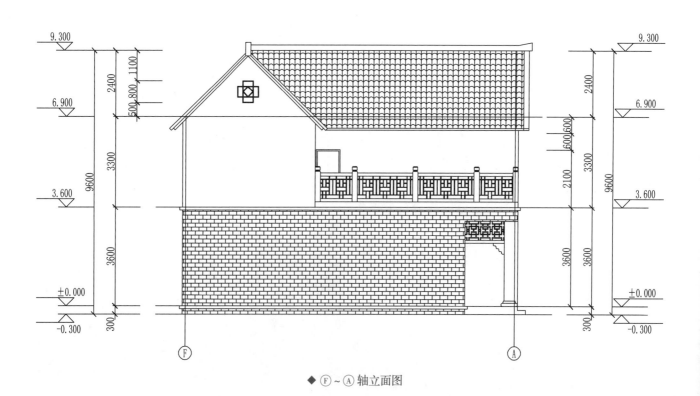

◆ Ⓕ~Ⓐ 轴立面图

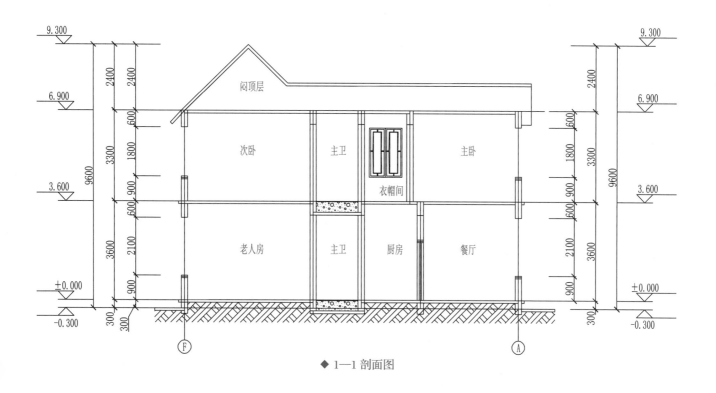

◆ 1—1 剖面图

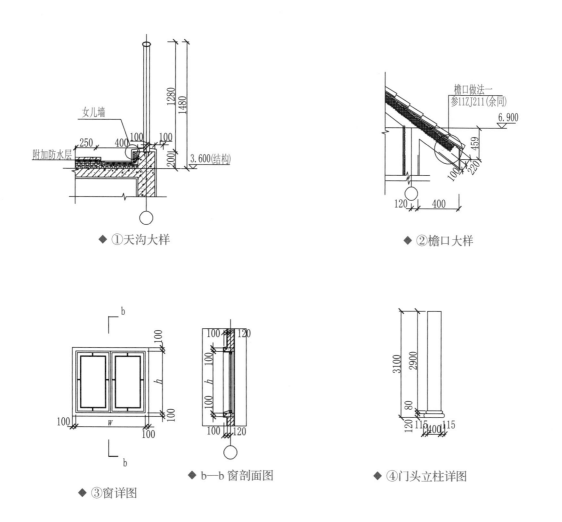

◆ ①天沟大样

◆ ②檐口大样

◆ ③窗详图

◆ b—b 窗剖面图

◆ ④门头立柱详图

# 方案 22

中式风格　两层　建筑面积约266m²（本方案效果图见022页）

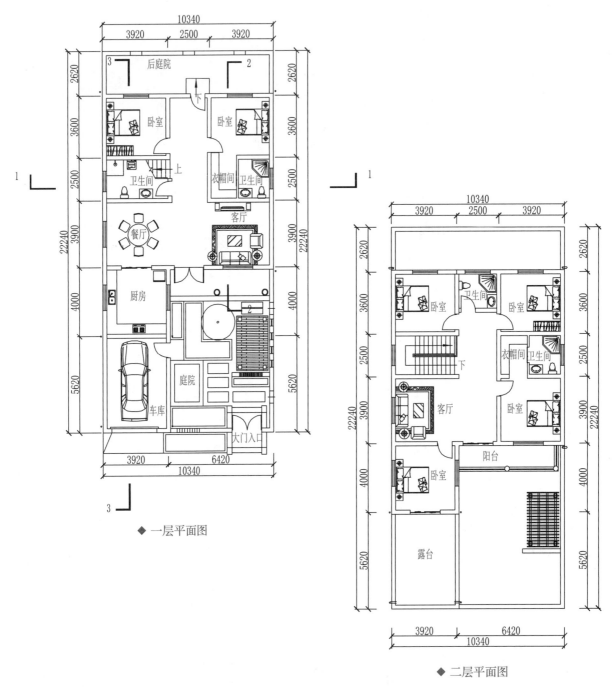

◆ 一层平面图

◆ 二层平面图

## 平面图分析

一层的房屋坐北朝南，南北通透，前庭种菜养鱼，后庭修竹弄茶，这是真正的悠闲生活。院子旁边有个车库，虽隐于乡村，但交通便利，平时接送朋友也方便。

厨房虽在主房内，却足够独立，做饭产生的油烟对室内影响小，净污分离且与餐厅相接，生活方便。餐厅又与客厅相连，形成开放的大空间，视野开阔。

两间卧室位于卫生间、楼梯之后，做到了动静分离，卧室紧邻后院，温馨舒适。

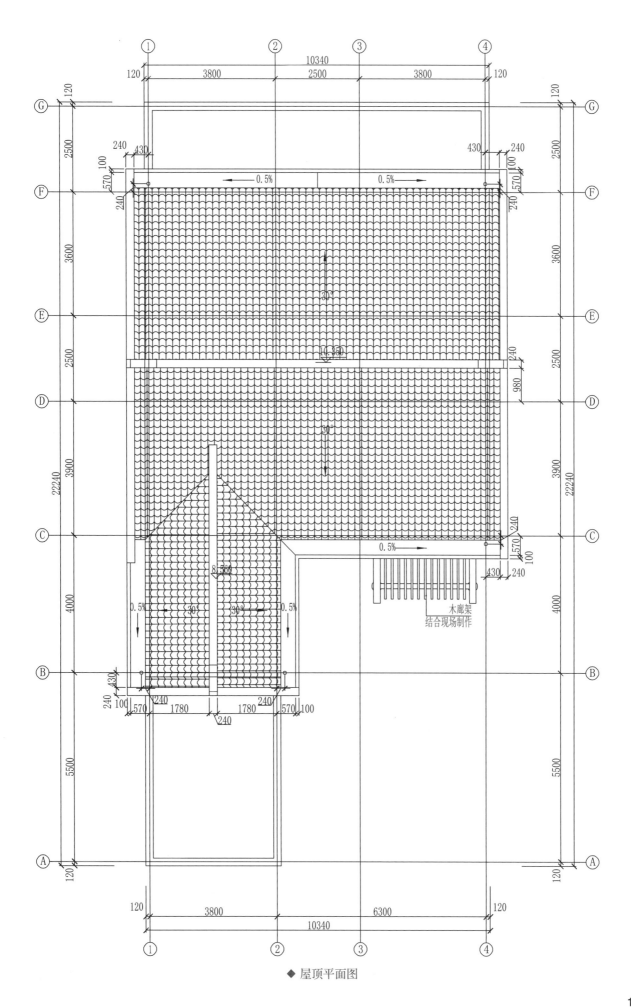

木廊架
结合现场制作

◆ 屋顶平面图

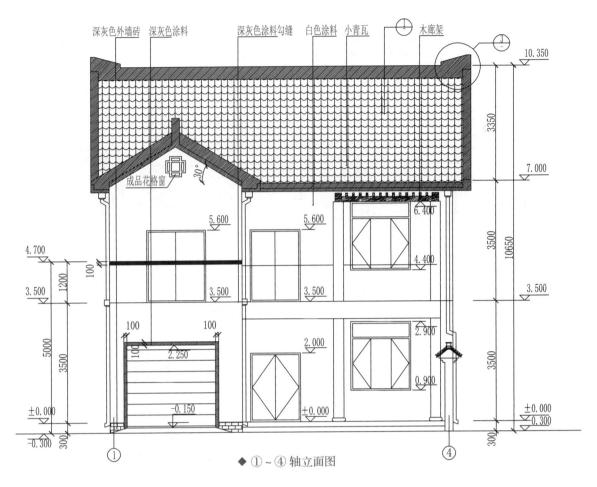

◆ ①～④ 轴立面图

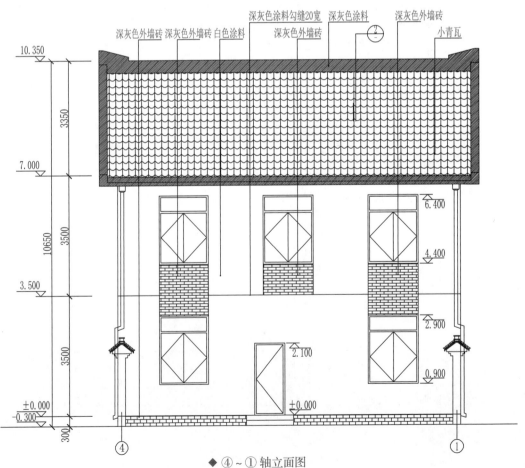

◆ ④～① 轴立面图

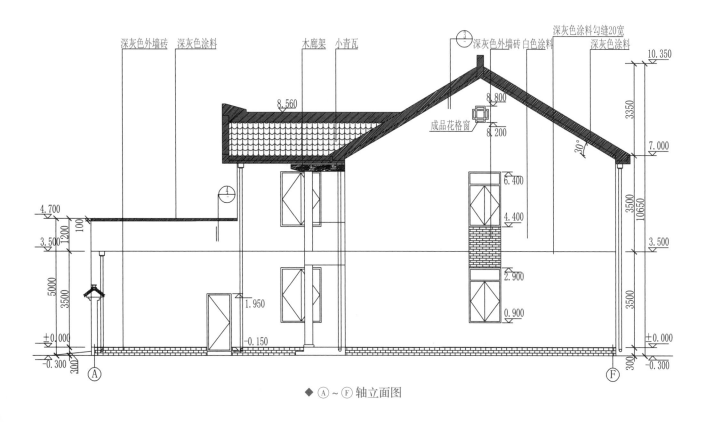

深灰色外墙砖　深灰色涂料　　　　　　　木廊架　小青瓦　　　　深灰色外墙砖　白色涂料　深灰色涂料勾缝20宽　深灰色涂料

10.350

3350

7.000

8.800

成品花格窗　8.200

6.400

4.400

2.900

0.900

3.500

10650

3500

±0.000

-0.300

8.560

4.700

3.500

1200

100

5000

3500

1.950

-0.150

±0.000

-0.300

300

Ⓐ

Ⓕ

◆ Ⓐ～Ⓕ 轴立面图

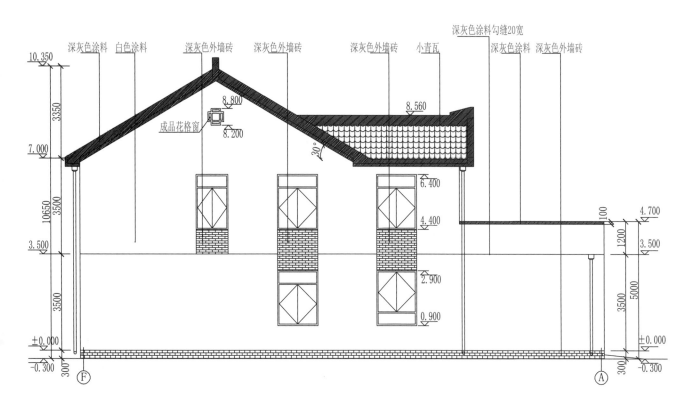

深灰色涂料　白色涂料　　　深灰色外墙砖　深灰色外墙砖　　　深灰色外墙砖　小青瓦　深灰色涂料勾缝20宽　深灰色涂料　深灰色外墙砖

10.350

3350

7.000

10650

3500

3.500

±0.000

-0.300

300

3500

8.800

成品花格窗　8.200

30°

8.560

6.400

4.400

2.900

0.900

4.700

100

1200

3.500

5000

±0.000

-0.300

300

Ⓕ

Ⓐ

◆ Ⓕ～Ⓐ 轴立面图

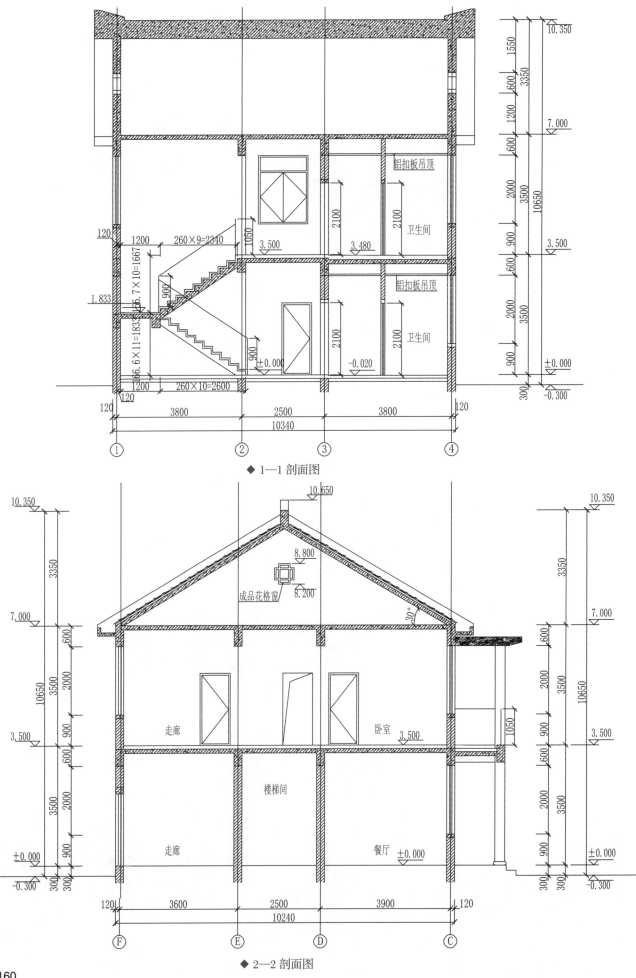

◆ 1—1 剖面图

◆ 2—2 剖面图

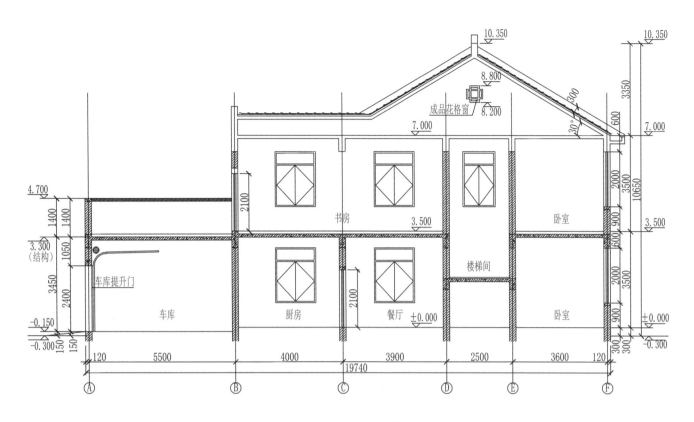

◆ 3—3 剖面图

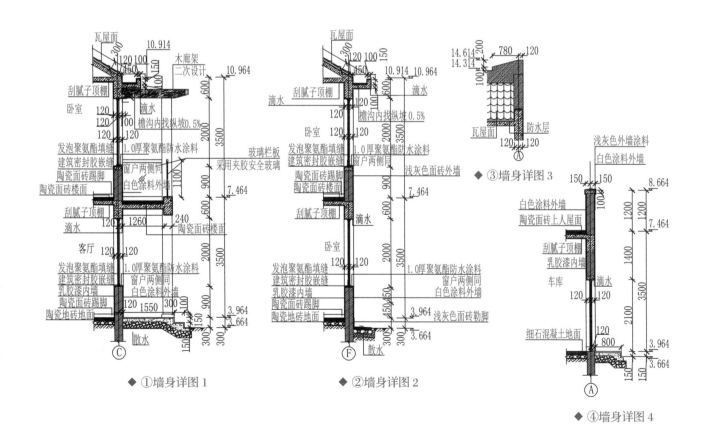

◆ ①墙身详图1

◆ ②墙身详图2

◆ ③墙身详图3

◆ ④墙身详图4

# 方案 23

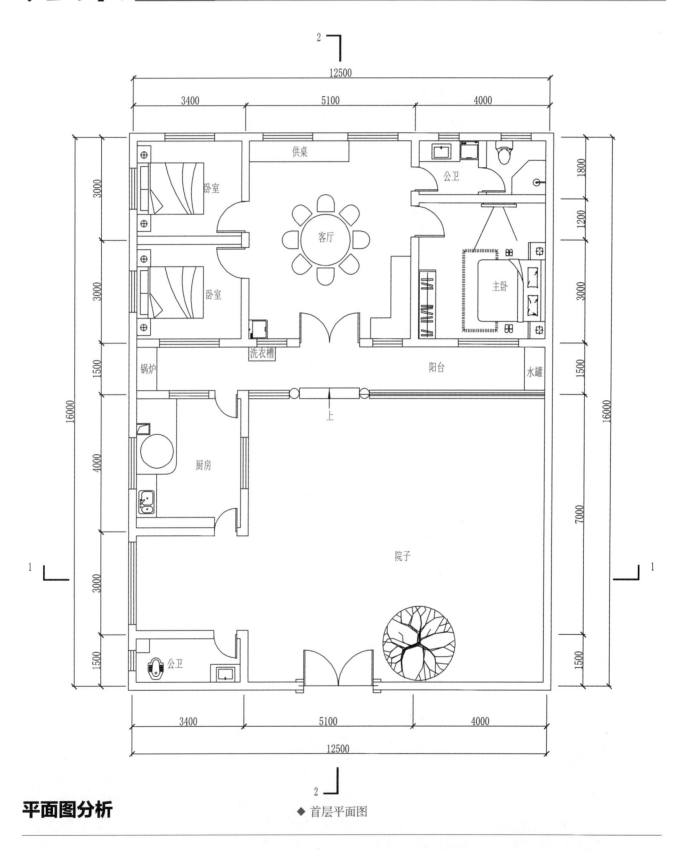

◆ 首层平面图

## 平面图分析

空间布局简单实用，功能分区设计别出心裁。将客厅与餐厅合二为一，既符合农村的生活习惯，又能扩大公共活动空间。大面积的庭院设计，既能调节区域气候，保持独立稳定的生态环境，又为业主提供了开阔的室外空间。

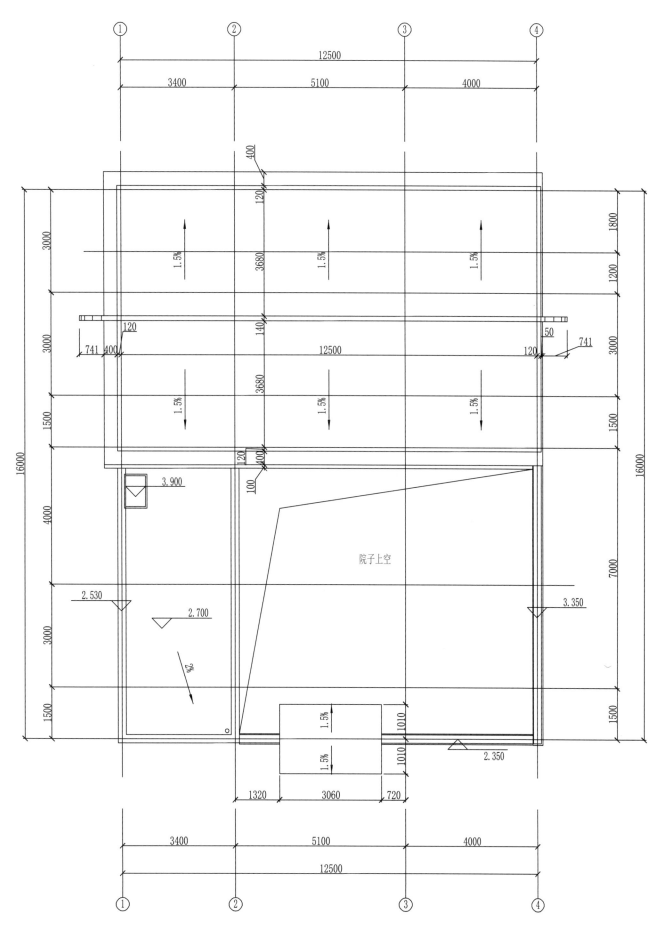

◆ 屋顶平面图

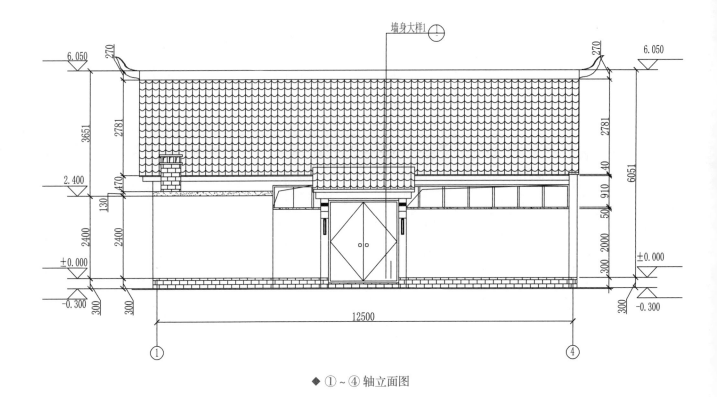

◆ ①~④轴立面图

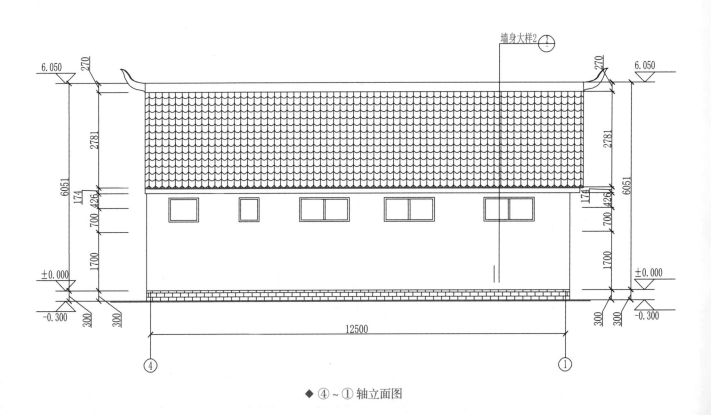

◆ ④~①轴立面图

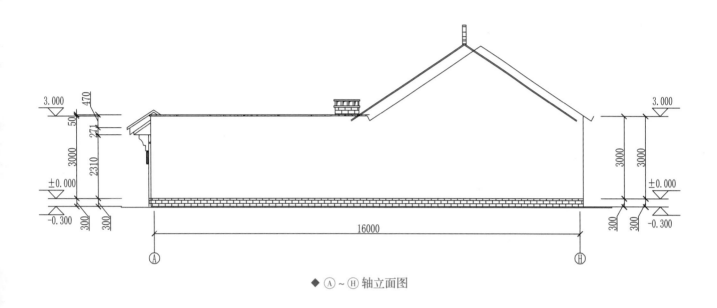

◆ Ⓐ ~ Ⓗ 轴立面图

墙身详图4

墙身详图3

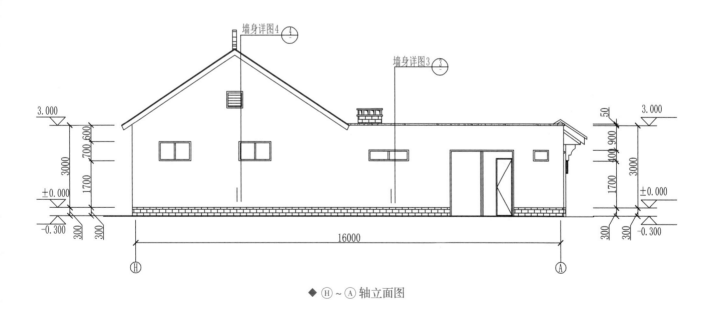

◆ Ⓗ ~ Ⓐ 轴立面图

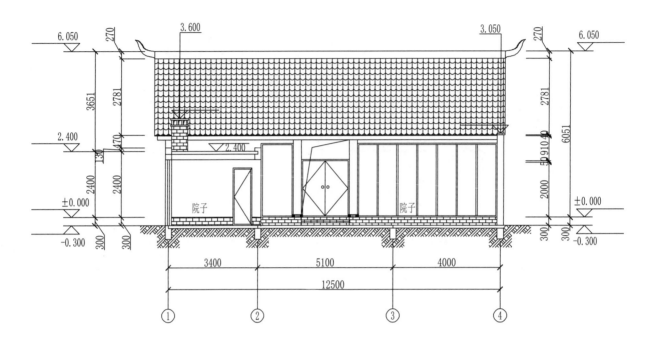

◆ 1—1 剖面图

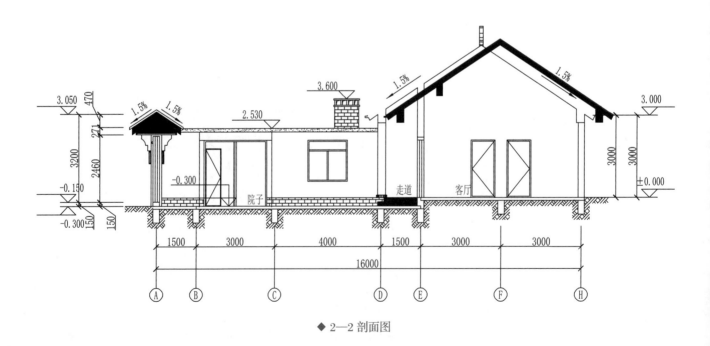

◆ 2—2 剖面图

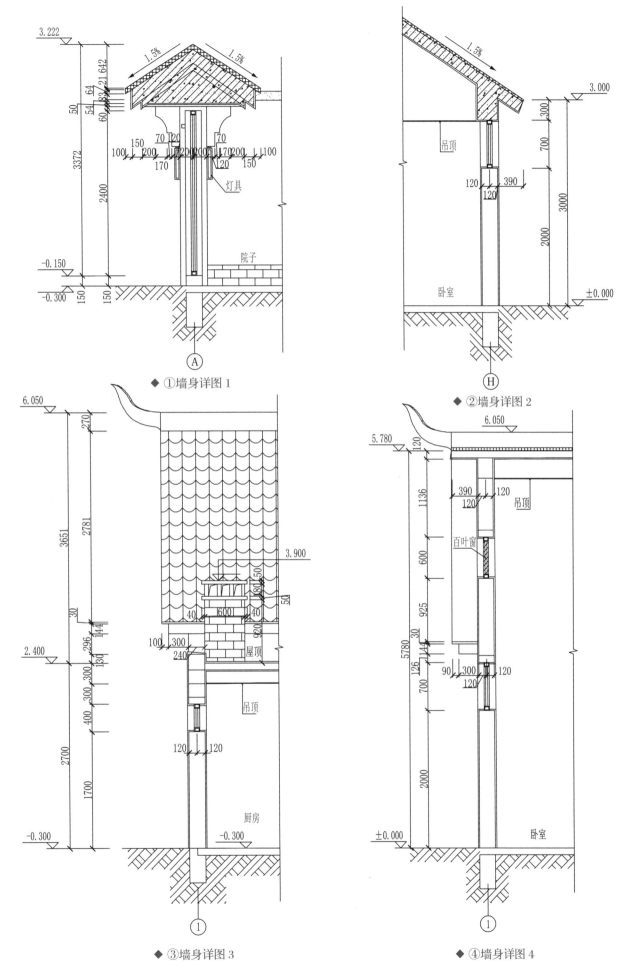

3.222

1.5%　1.5%

64
21 642
60 83
54
50

3372

2400

3.222

灯具

70 120　70
100 150 200 170 200 200 170 200 100
170　120　150

3372

2400

院子

-0.150

-0.300
150 150

Ⓐ

◆ ①墙身详图1

3.000

300
300

700

3000

2000

吊顶

120　390
120

卧室

±0.000

Ⓗ

◆ ②墙身详图2

6.050

270

3651

2781

3.900

80 50

50

40 600 40

920

30

100 300

144

240

296

2.400

130

300 300

400

吊顶

120　120

2700

1700

厨房

-0.300

-0.300

①

◆ ③墙身详图3

6.050

5.780
120

1136

390　120
120

吊顶

600

百叶窗

5780

925

30

144

126

90 300　120
120

700

2000

±0.000

卧室

①

◆ ④墙身详图4

167

# 方案24

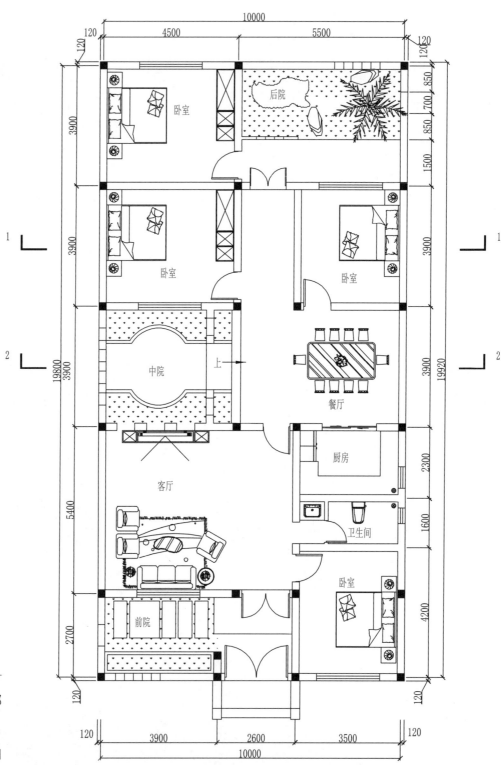

◆ 一层平面图

## 平面图分析

本方案中，在两侧有邻居不能开窗的情况下，为了解决室内的通风和采光问题，特别设计了三个庭院，预留了足够的室外空间，方便活动。

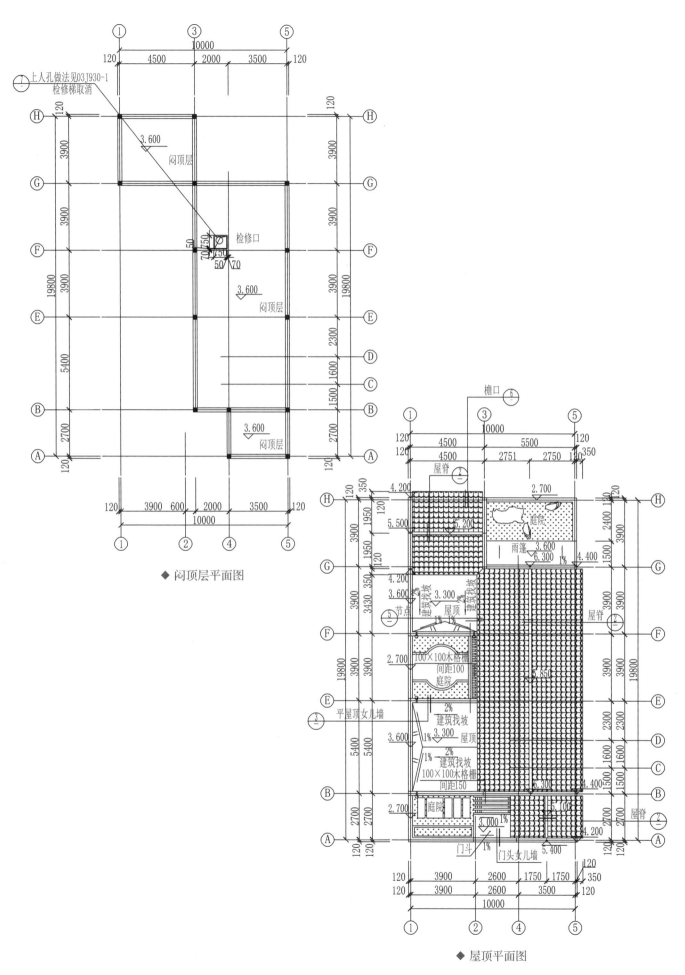

◆ 闷顶层平面图

◆ 屋顶平面图

169

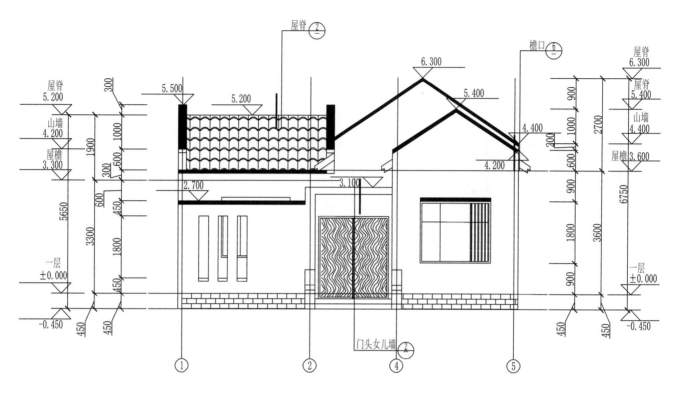

◆ ①～⑤轴立面图

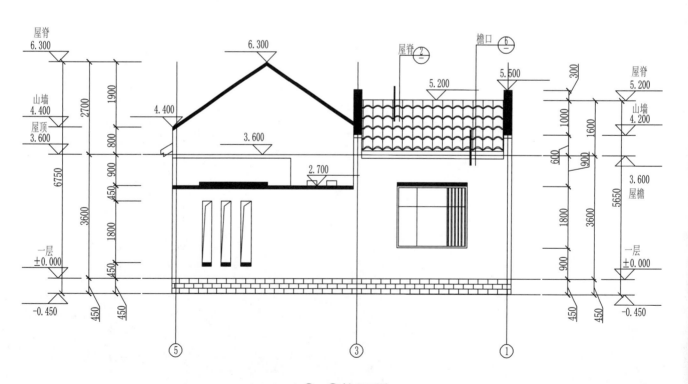

◆ ⑤～①轴立面图

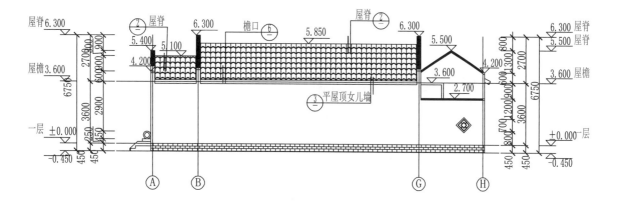

◆ Ⓐ ~ Ⓗ 轴立面图

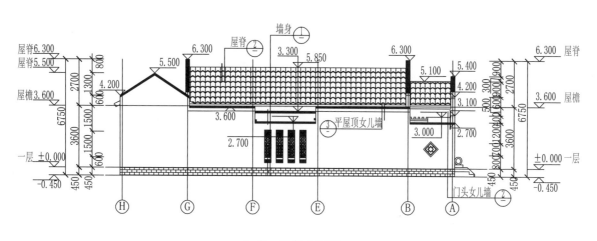

◆ Ⓗ ~ Ⓐ 轴立面图

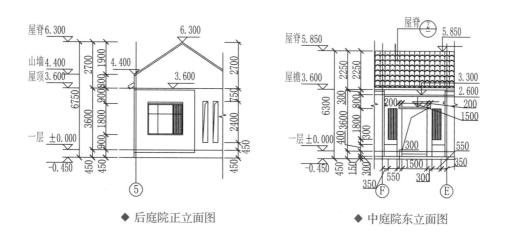

◆ 后庭院正立面图　　　　◆ 中庭院东立面图

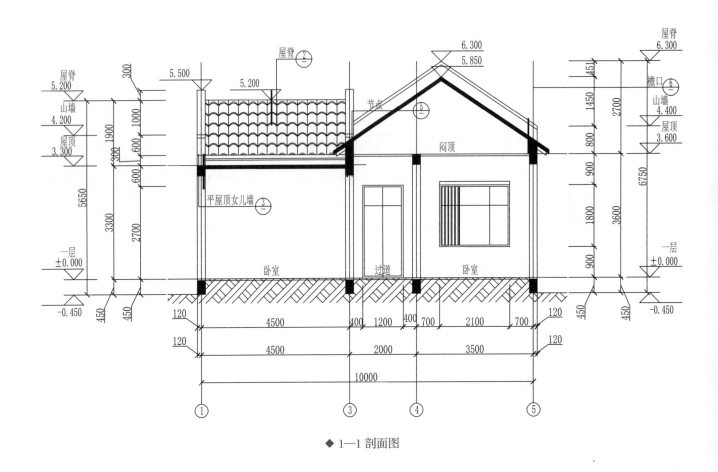

◆ 1—1 剖面图

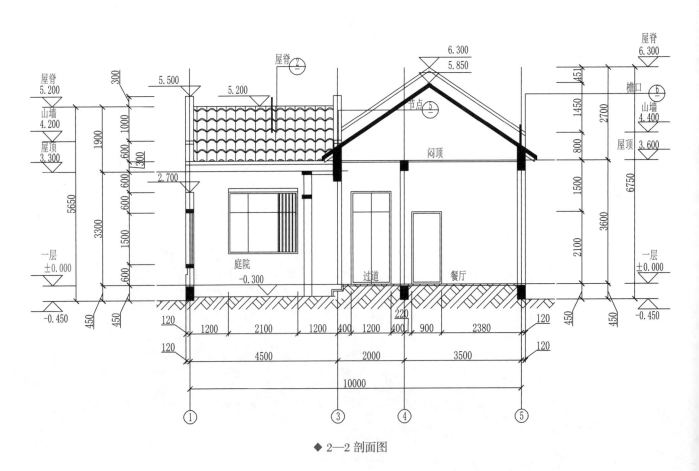

◆ 2—2 剖面图

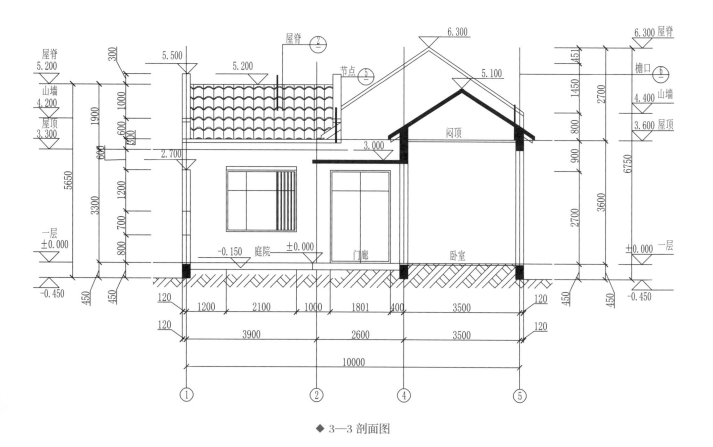

◆ 3—3 剖面图

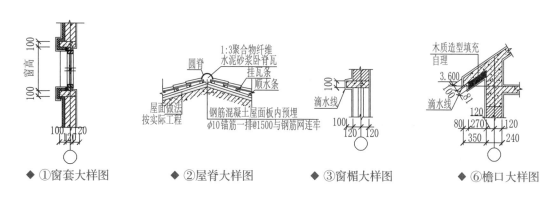

◆ ①窗套大样图    ◆ ②屋脊大样图    ◆ ③窗楣大样图    ◆ ⑥檐口大样图

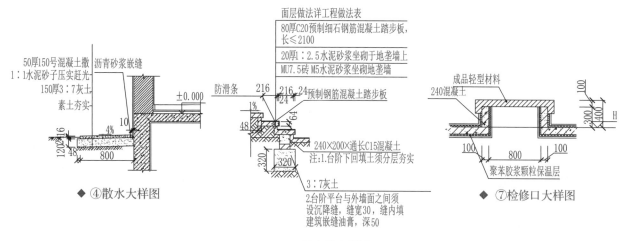

◆ ④散水大样图

◆ ⑦检修口大样图

面层做法详工程做法表
80厚C20预制细石钢筋混凝土踏步板，长≤2100
20厚1：2.5水泥砂浆坐砌于地垄墙上
MU7.5砖 M5水泥砂浆砌地垄墙

24预制钢筋混凝土踏步板

240×200×通长C15混凝土
注：1.台阶下回填土须分层夯实
3：7灰土
2.台阶平台与外墙面之间须
设沉降缝，缝宽30，缝内填
建筑嵌缝油膏，深50

◆ ⑤台阶大样图

173

# 方案 25

中式风格　一层　建筑面积约 300m² （本方案效果图见 025 页）

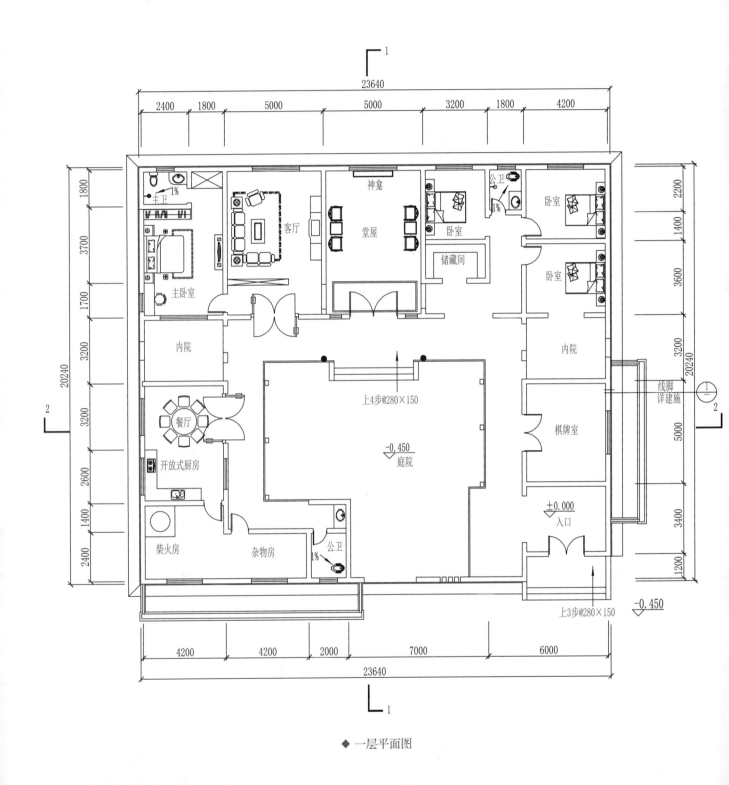

◆ 一层平面图

## 平面图分析

独有的柴火房，符合农村的风俗习惯，实用又接地气。除了柴火房，另设有开放式厨房，可做西餐，满足不同的口味需求。设有棋牌室，便于亲朋好友一起消遣娱乐，丰富居家生活，尽享生活的乐趣。

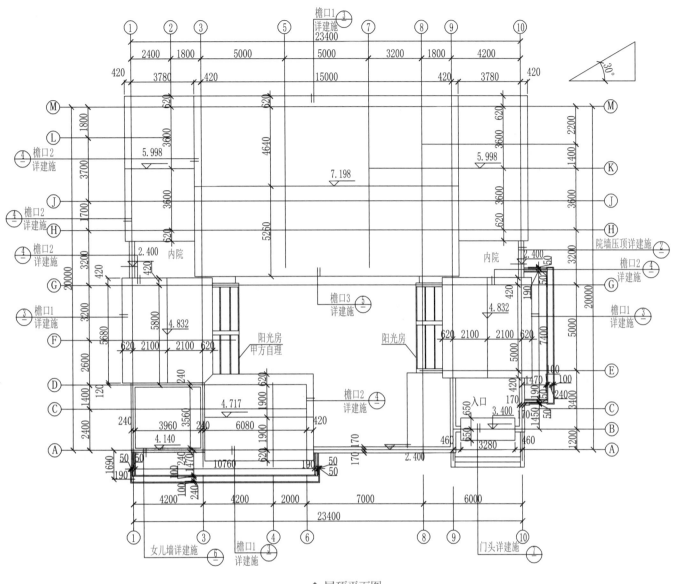

◆ 屋顶平面图

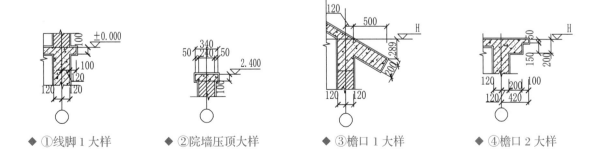

◆ ①线脚1大样　　◆ ②院墙压顶大样　　◆ ③檐口1大样　　◆ ④檐口2大样

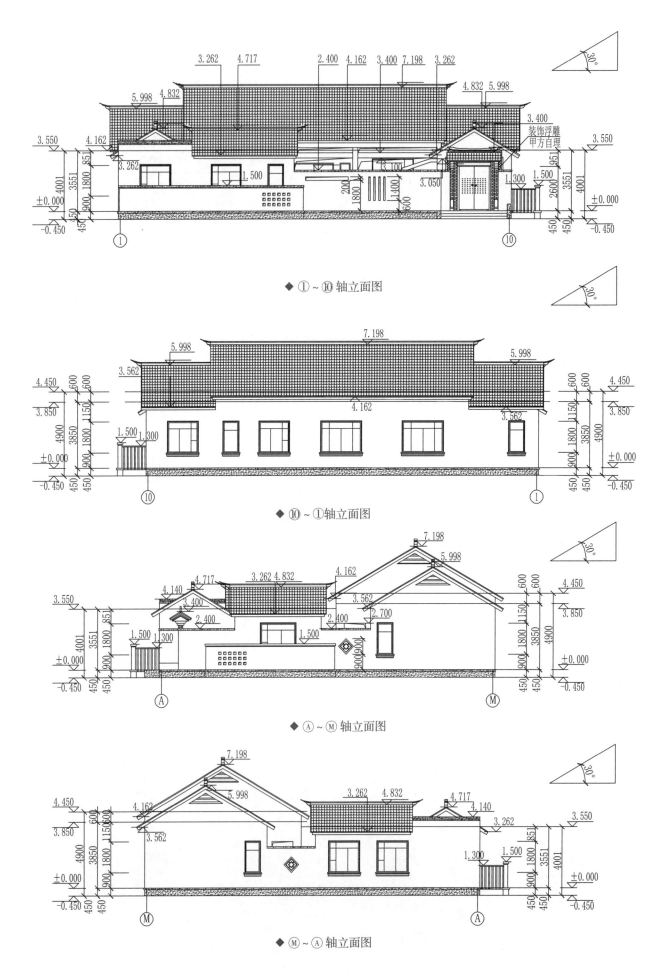

◆ ①~⑩轴立面图

◆ ⑩~①轴立面图

◆ Ⓐ~Ⓜ轴立面图

◆ Ⓜ~Ⓐ轴立面图

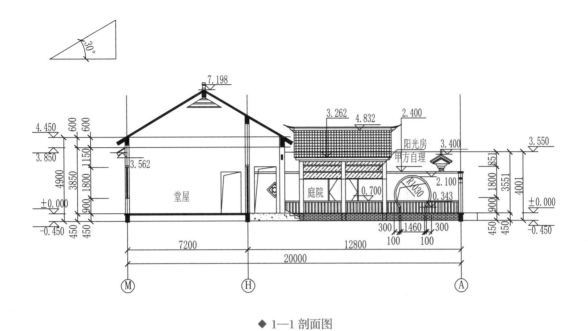

◆ 1—1 剖面图

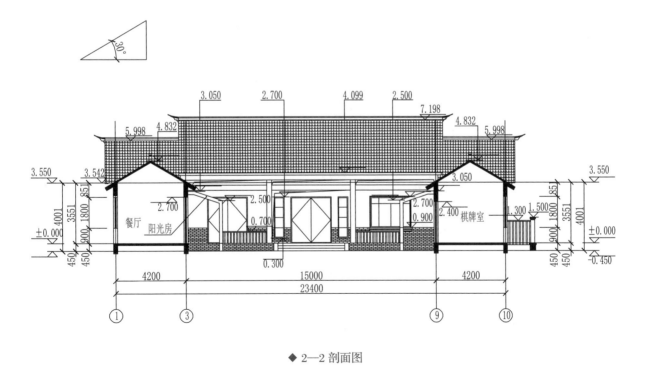

◆ 2—2 剖面图

# 方案 26

中式风格　三层　建筑面积约 553m² （本方案效果图见 026 页）

## 平面图分析

一层内设吧台、棋牌室，满足业主业余消遣的需求，也方便在家小酌畅饮；主卧配有独立的卫生间和衣帽间，方便家中老人的起居生活。二层的儿童房紧挨主卧，方便及时照顾；主卧配有书房，便于在家小型办公。三层以居住为主，四个卧室既能满足自家人的居住需求，又方便留宿客人。

卧室　棋牌室　储藏　衣帽间

卫生间

上

卫生间

吧台

玄关

客厅

卧室

餐厅

下

下

厨房

庭院

◆ 首层平面图

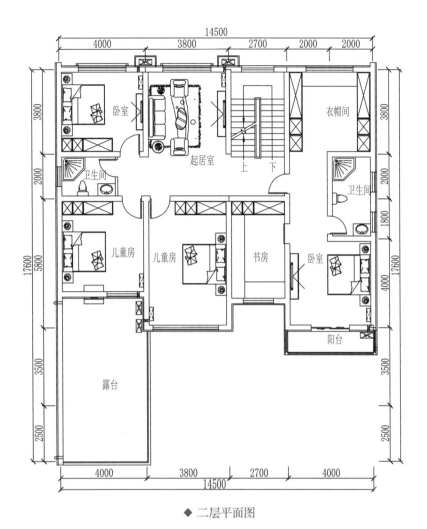

◆ 二层平面图

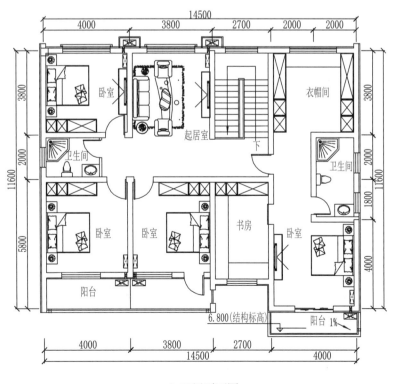

◆ 三层平面图

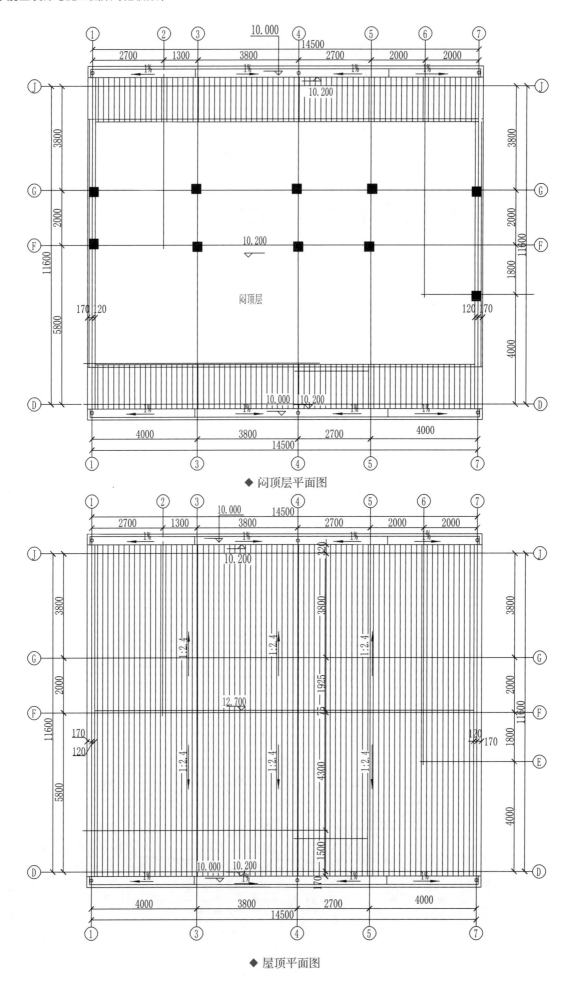

◆ 闷顶层平面图

◆ 屋顶平面图

◆ ①~⑦轴立面图

◆ ⑦~①轴立面图

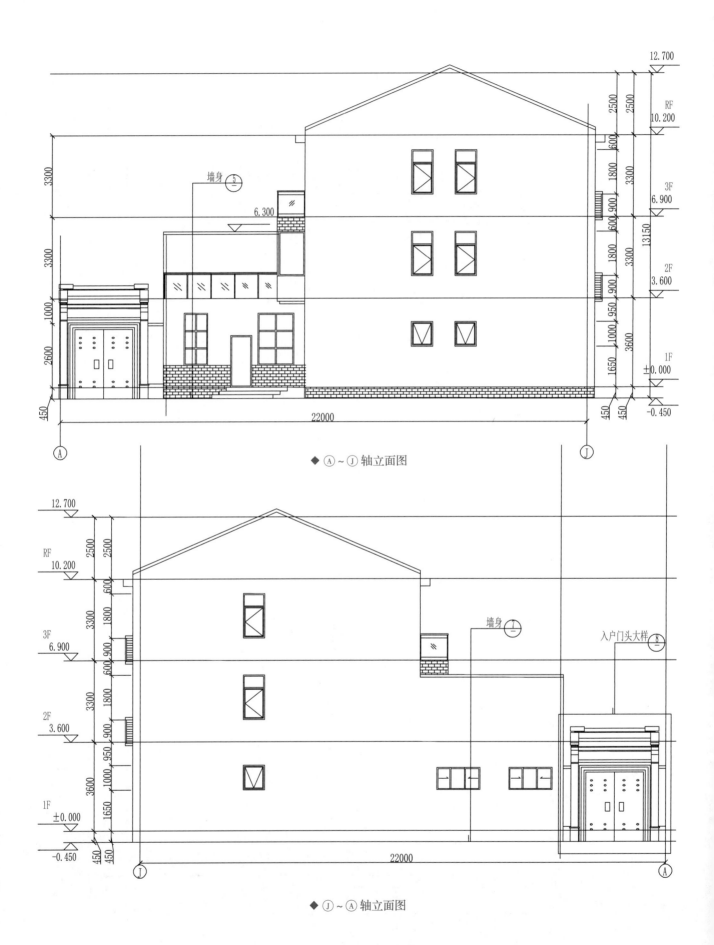

◆ Ⓐ～Ⓙ轴立面图

◆ Ⓙ～Ⓐ轴立面图

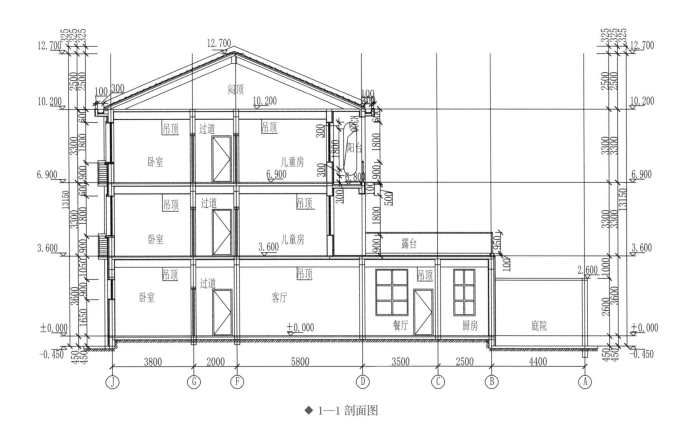

◆ 1—1 剖面图

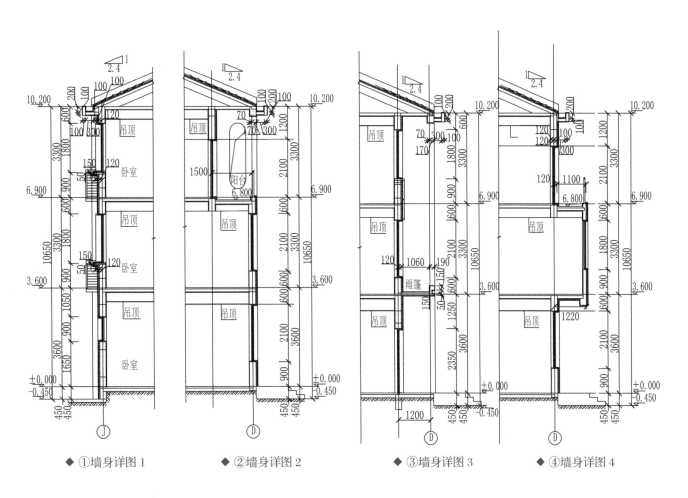

◆ ①墙身详图 1　　　◆ ②墙身详图 2　　　◆ ③墙身详图 3　　　◆ ④墙身详图 4

# 方案27

中式风格　一层　建筑面积约 162m² （本方案效果图见 027 页）

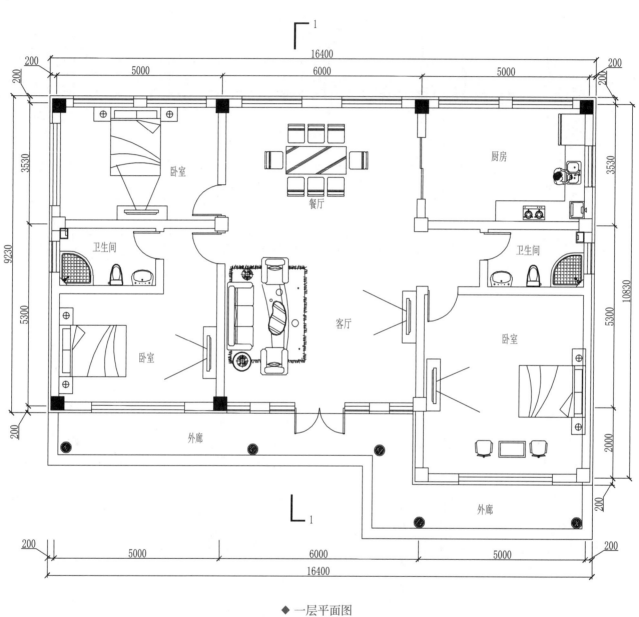

◆ 一层平面图

## 平面图分析

十分经典的布局设计，无浪费面积，实用性、经济性都很不错。

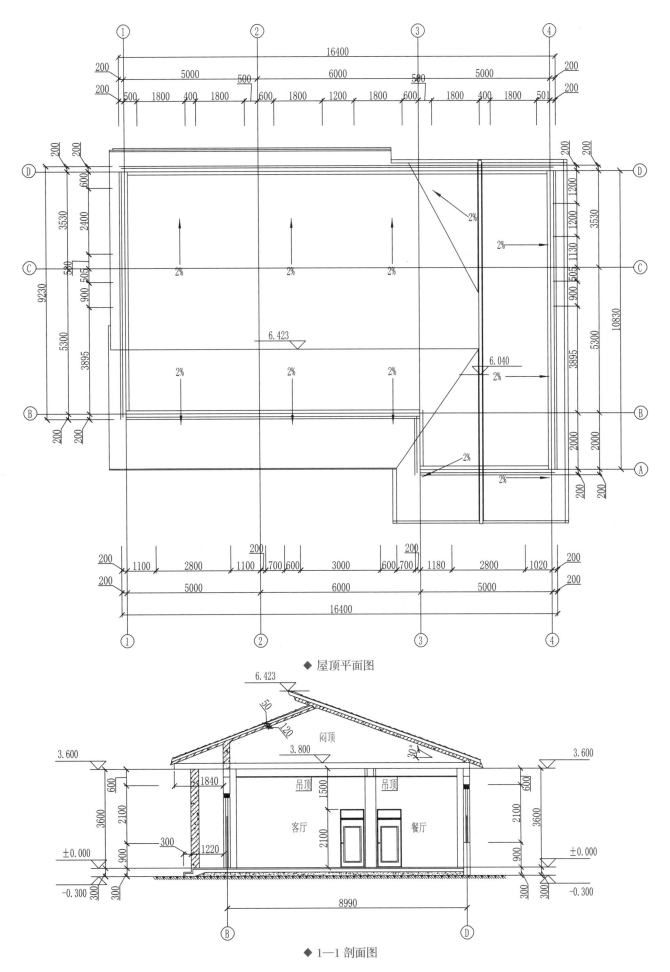

◆ 屋顶平面图

◆ 1—1 剖面图

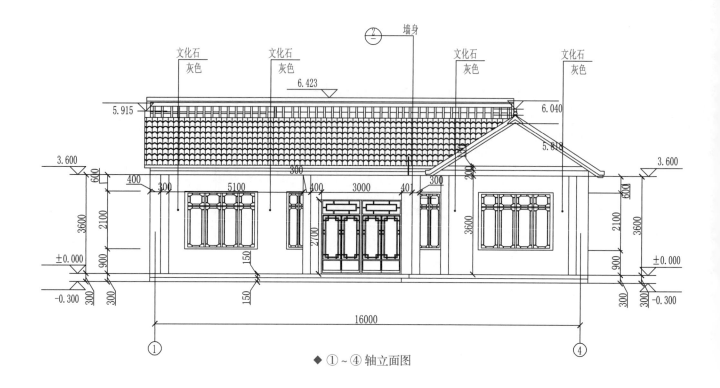

◆ ①～④轴立面图

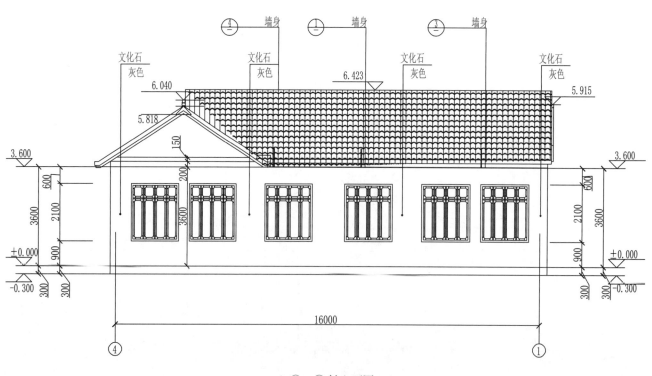

◆ ④～①轴立面图

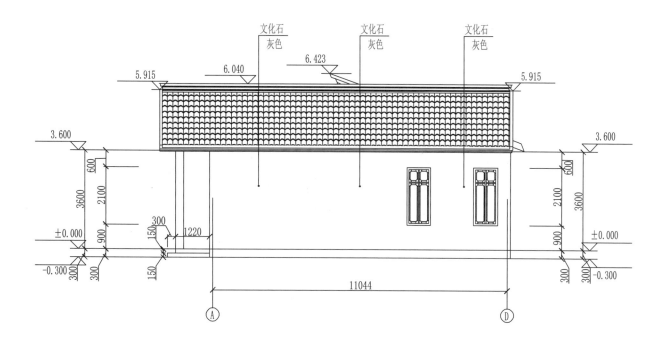

文化石 灰色　　　文化石 灰色　　　文化石 灰色

5.915　　　6.040　　　6.423　　　　　　　　5.915

3.600　　　　　　　　　　　　　　　　　　3.600

600　　　　　　　　　　　　　　　　　　600

3600　2100　　　　　　　　　　　2100　3600

±0.000　　　300　　　　　　　　　　±0.000

150　900　　　1220　　　　　　　900

150

-0.300　300　300　　　　　　　　300　300　-0.300

11044

A　　　　　　　　　　　　D

◆ A～D 轴立面图

文化石 灰色　　　文化石 灰色　　　文化石 灰色

5.915　　6.040　　6.423　　　　6.040　5.915

5.915

3.600　　　　　　　　　　　　　　　　　3.600

600　　　　　　　　　　　　　　　　　600

3600　2100　　　　　　　　　　　2100　3600

±0.000　　　　　　　　　　1220　300　±0.000

900　　　　　　　　1220　300　150

150　900

-0.300　300　300　　　　　150　　　300　300　-0.300

8990　　　　　2054

D　　　　　　　　B

◆ D～B 轴立面图

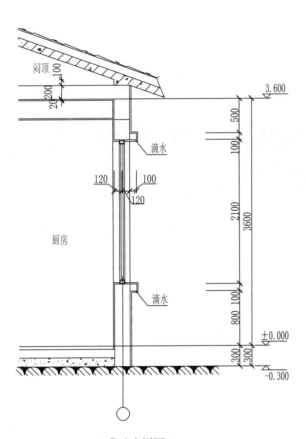

◆ ①墙身详图 1

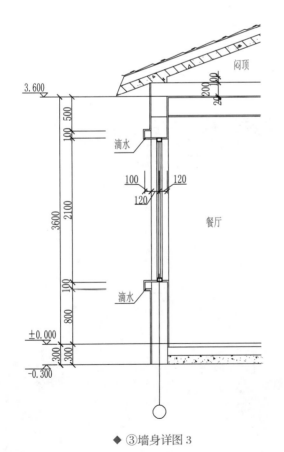

◆ ③墙身详图 3

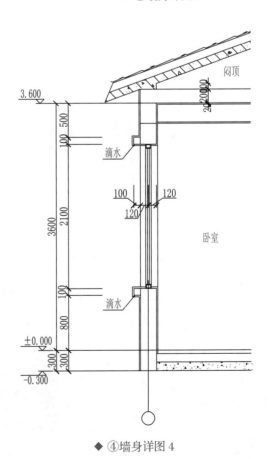

◆ ②墙身详图 2

◆ ④墙身详图 4

# 方案 28

中式风格　三层　建筑面积约427m²（本方案效果图见028页）

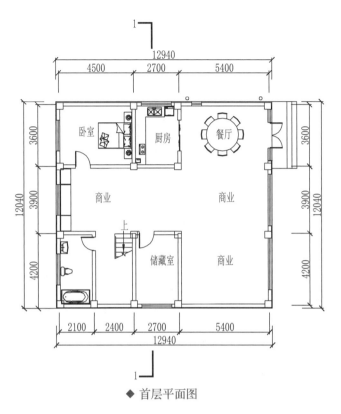

◆ 首层平面图

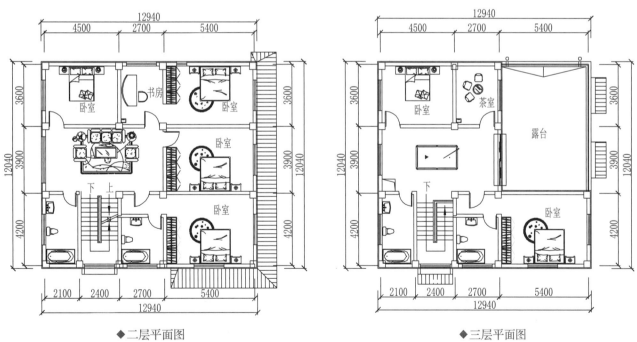

◆二层平面图　　　　　　　　　　　　◆三层平面图

## 平面图分析

一层为商业空间，格局设计开阔，方便使用。二层出租居住，房间设计充足，两主卧两次卧，起居室、书房俱全，居住舒适度高。三层自住，人口不多，简易方便。

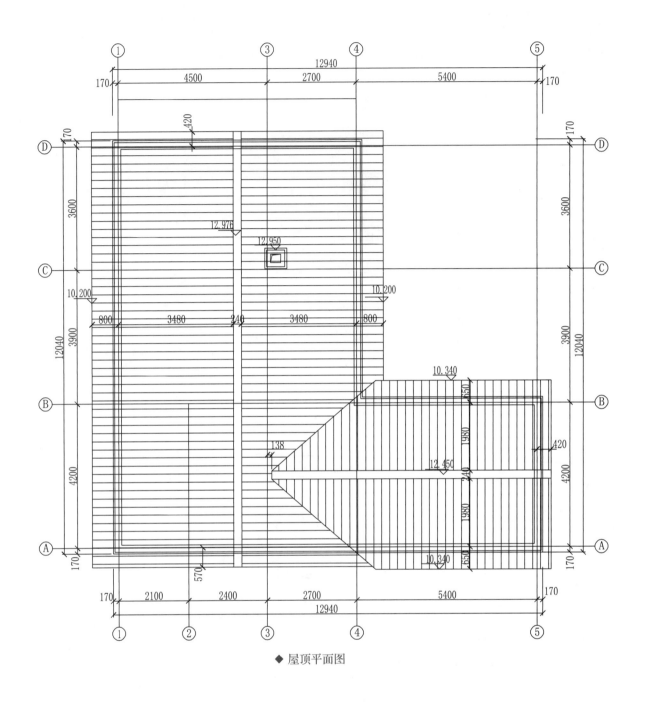

◆ 屋顶平面图

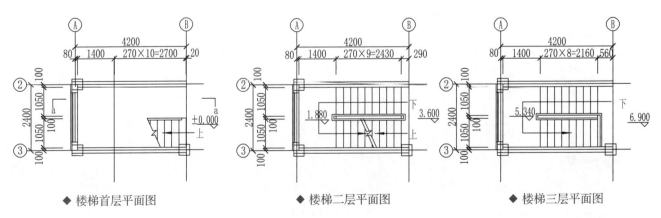

◆ 楼梯首层平面图　　　　◆ 楼梯二层平面图　　　　◆ 楼梯三层平面图

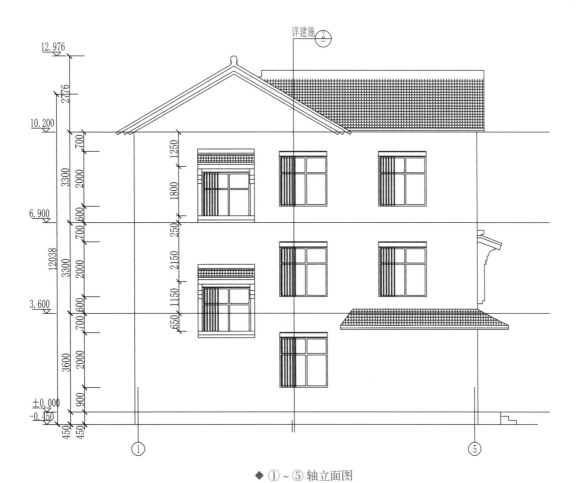

◆ ①～⑤轴立面图

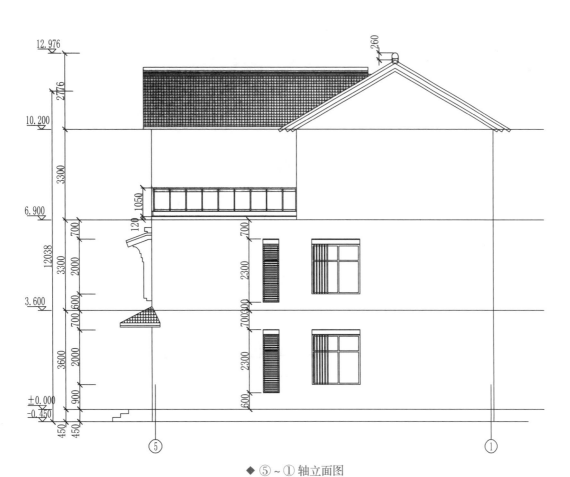

◆ ⑤～①轴立面图

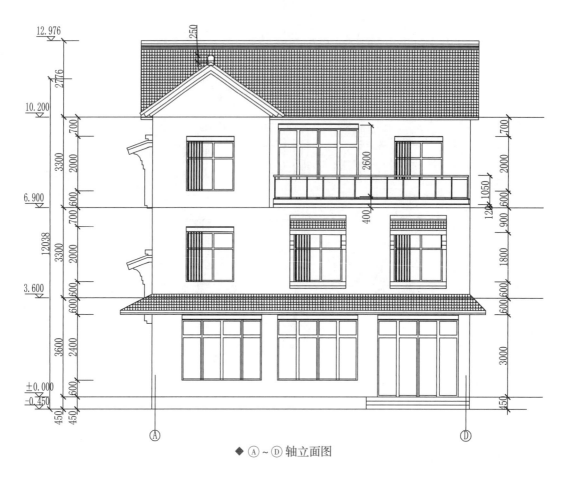

◆ Ⓐ～Ⓓ轴立面图

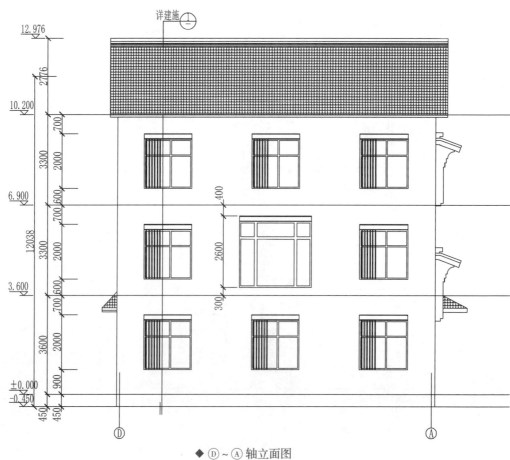

◆ Ⓓ～Ⓐ轴立面图

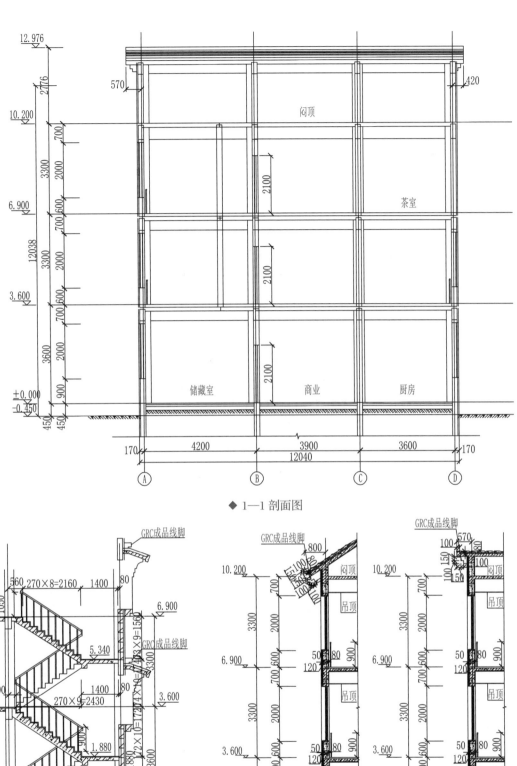

◆ 1—1 剖面图

闷顶

茶室

储藏室　　商业　　厨房

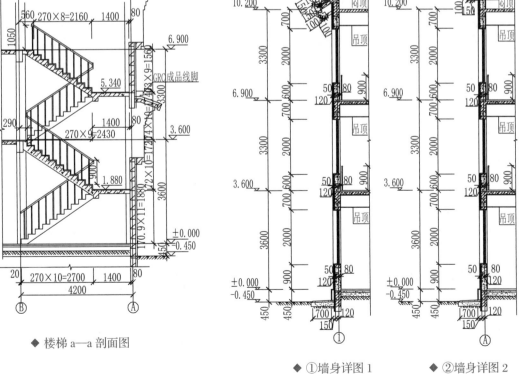

◆ 楼梯 a—a 剖面图

GRC成品线脚

闷顶

吊顶

吊顶

吊顶

◆ ①墙身详图 1　　◆ ②墙身详图 2

# 方案 29

欧式风格　三层　建筑面积约335m² （本方案效果图见029页）

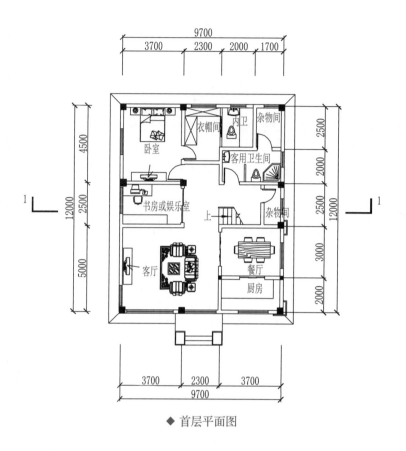

◆ 首层平面图

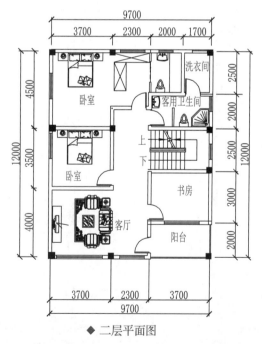

◆ 二层平面图

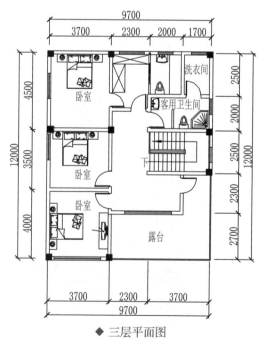

◆ 三层平面图

## 平面图分析

整体卧室以及储物空间较多，方便人多时居住以及大量日常用品的存放。

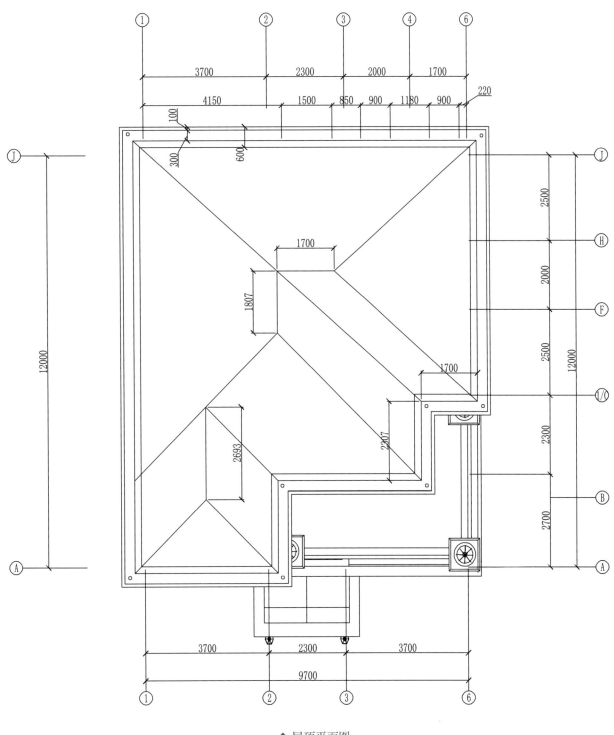

◆ 屋顶平面图

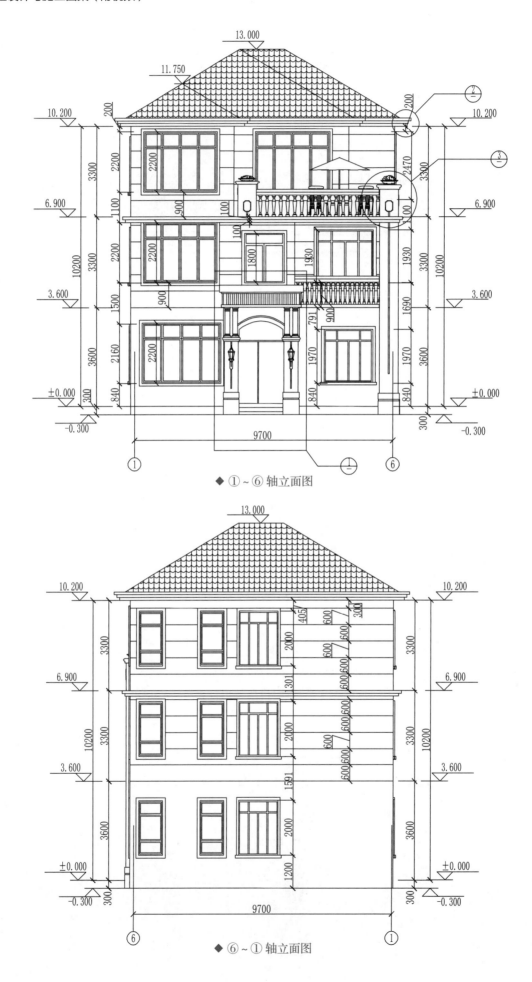

◆ ①～⑥轴立面图

◆ ⑥～①轴立面图

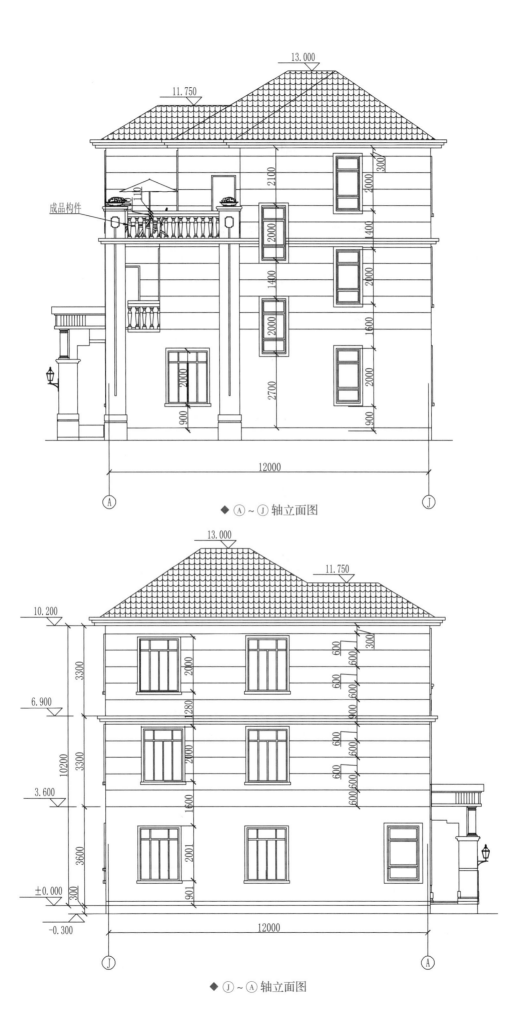

◆ Ⓐ～Ⓙ 轴立面图

◆ Ⓙ～Ⓐ 轴立面图

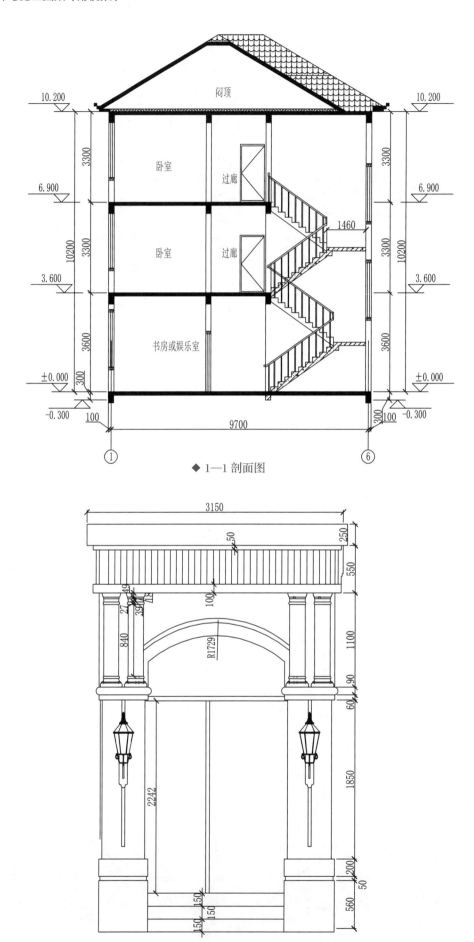

◆ 1—1 剖面图

◆ ①门头大样图

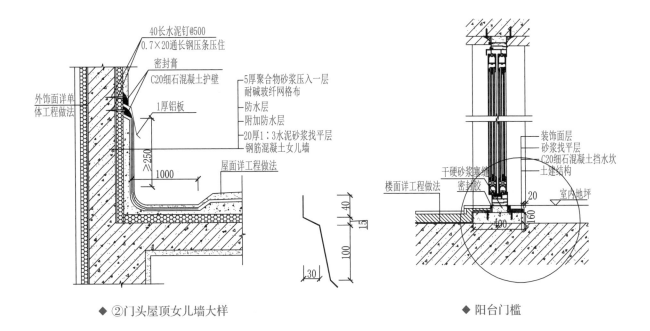

◆ ②门头屋顶女儿墙大样

40长水泥钉@500
0.7×20通长钢压条压住
密封膏
C20细石混凝土护壁
1厚铝板
外饰面详单体工程做法
≥250
1000
屋面详工程做法

5厚聚合物砂浆压入一层
耐碱玻纤网格布
防水层
附加防水层
20厚1:3水泥砂浆找平层
钢筋混凝土女儿墙

40
15
100
30

◆ 阳台门槛

装饰面层
砂浆找平层
C20细石混凝土挡水坎
土建结构
室内地坪
干硬砂浆塞缝
密封胶
楼面详工程做法
20
160
400

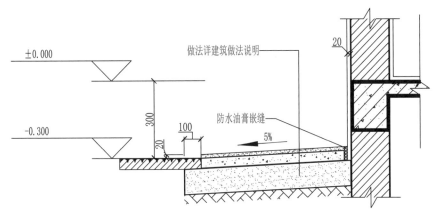

◆ 散水大样详图

±0.000
-0.300
做法详建筑做法说明
防水油膏嵌缝
300
20
100
5%
20

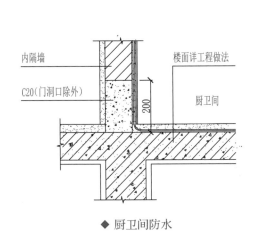

◆ 厨卫间防水

内隔墙
C20(门洞口除外)
楼面详工程做法
厨卫间
200

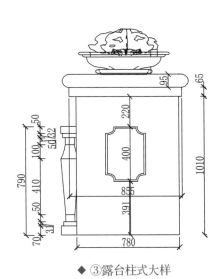

◆ ③露台柱式大样

95
65
1010
220
400
855
391
790
410
50
50
100
50
50
70

# 方案 30

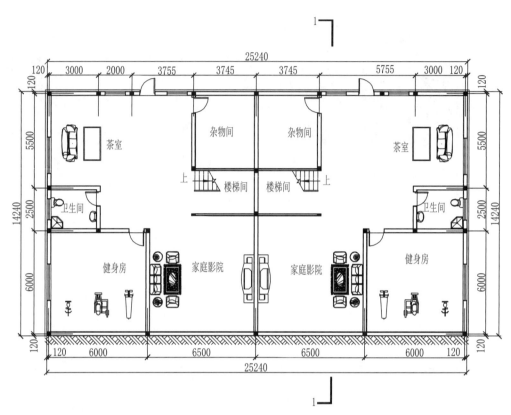

◆ 一层平面图

## 平面图分析

一层主要为娱乐空间，家庭影院、健身房以及茶室满足了居住者对于不同休闲方式的需求。二层有车库、老人房、客厅、餐厅等空间，三层主要为卧室以及书房等空间。空间动、静分区合理，满足居住者的需求。

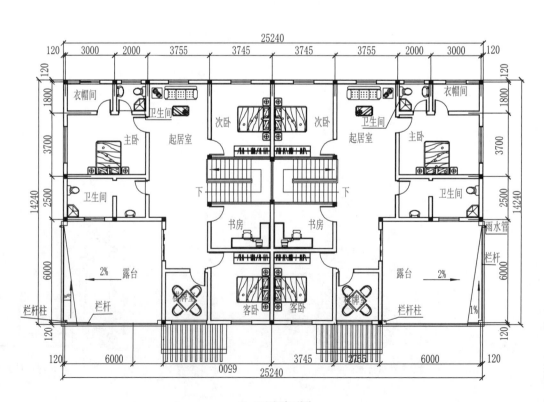

◆ 三层平面图

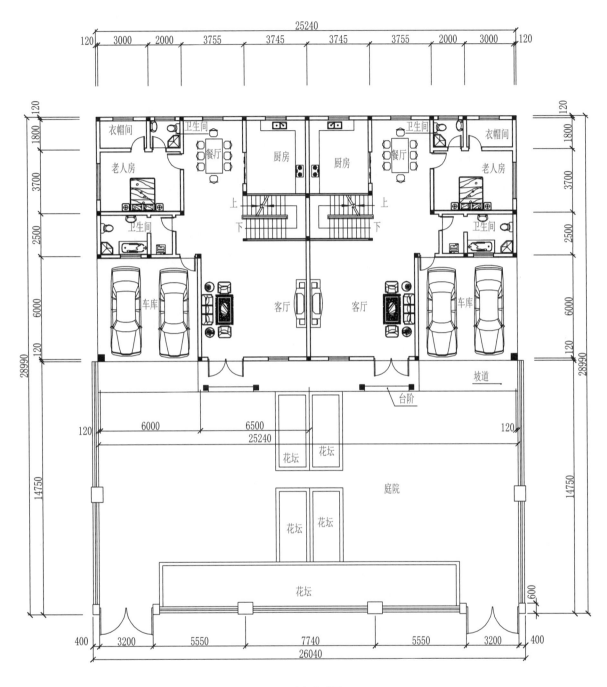

◆ 二层平面图

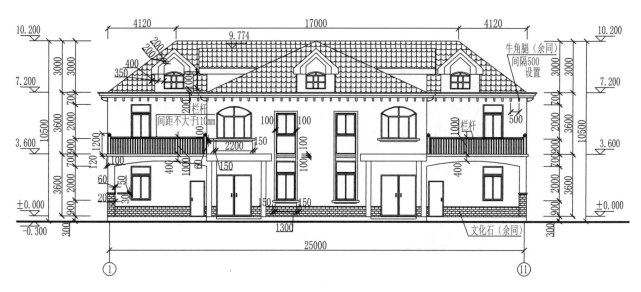

◆ ①~⑪轴立面图

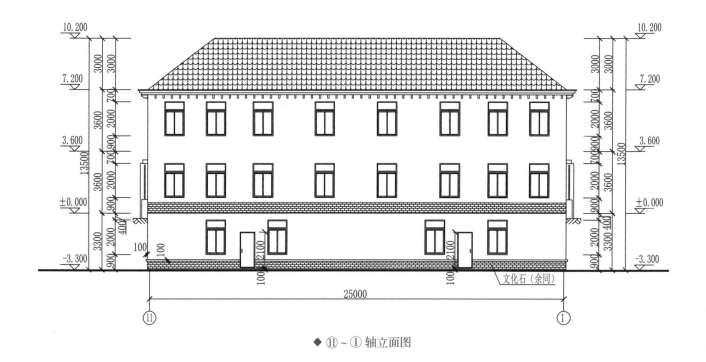

◆ ⑪~①轴立面图

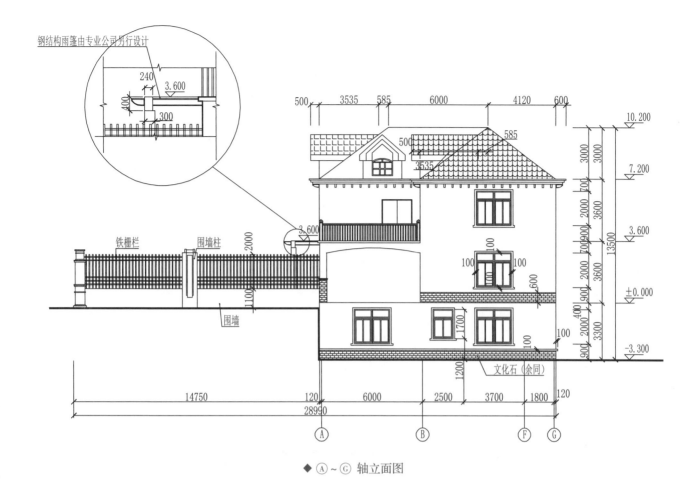

钢结构雨篷由专业公司另行设计

铁栅栏　围墙柱

围墙

◆ Ⓐ~Ⓖ 轴立面图

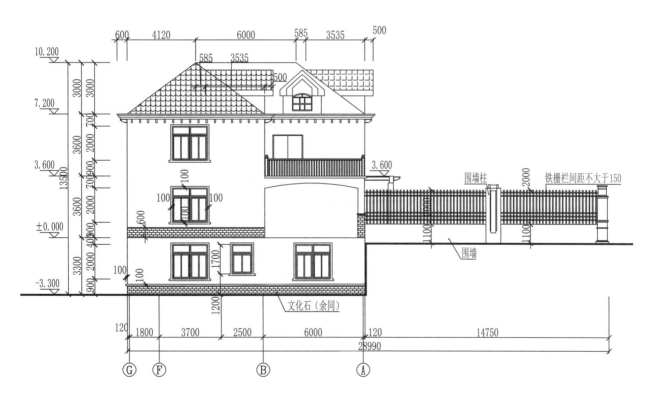

围墙柱　铁栅栏间距不大于150

围墙

文化石（余同）

◆ Ⓖ~Ⓐ 轴立面图

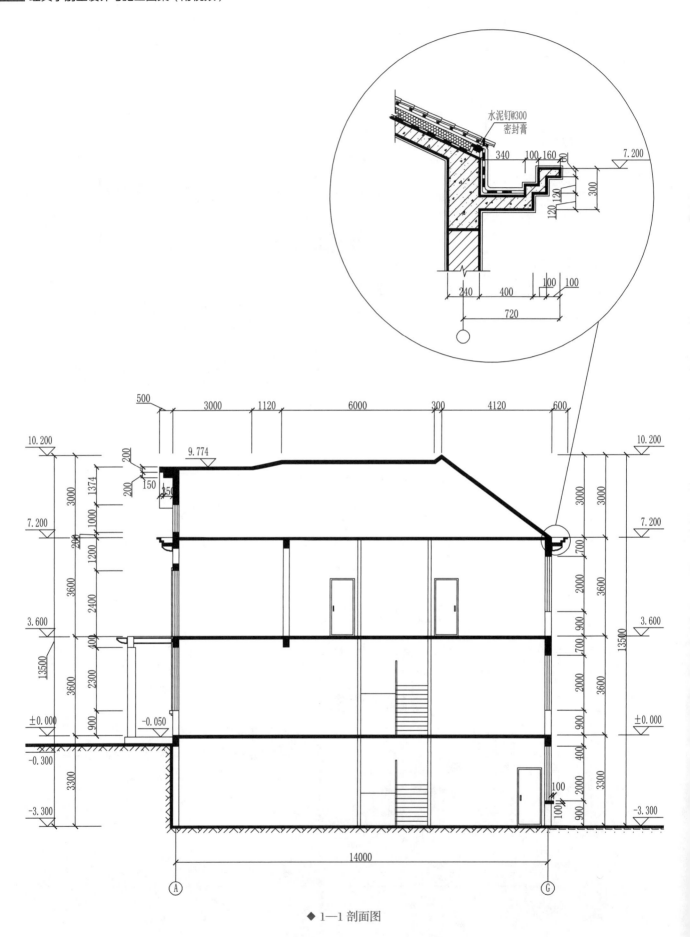

水泥钉@300
密封膏

◆ 1—1 剖面图

# 方案 31

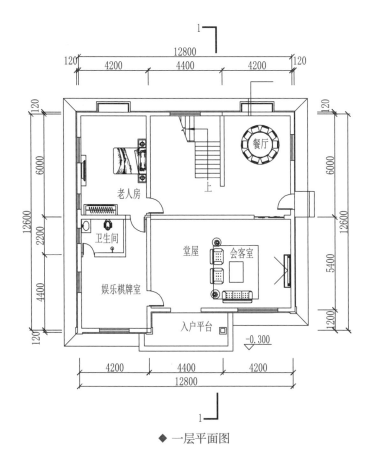

◆ 一层平面图

## 平面图分析

一层是农村特有的堂屋与厨房直接连通的设计，节省了室内空间，增加了其他功能区域的面积。二层居住区设有书房，便于在家学习工作。三楼的卧室留作客房，方便招待客人留宿；同时预留了大露台，满足日常晾晒和乘凉小憩的需求。

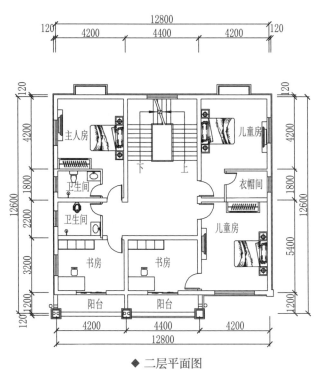

◆ 二层平面图

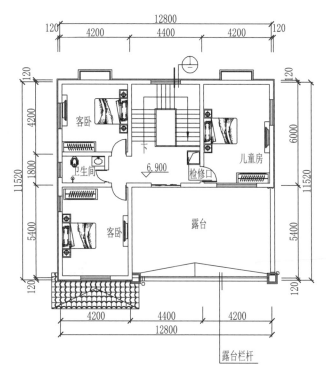

◆ 三层平面图

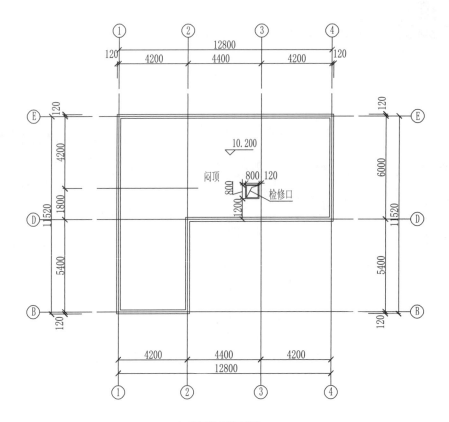

◆ 闷顶层平面图

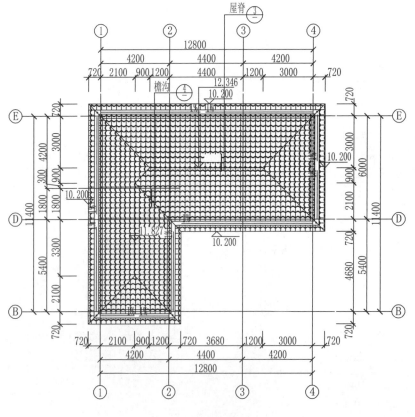

◆ 屋顶平面图

◆ ① ~ ④ 轴立面图

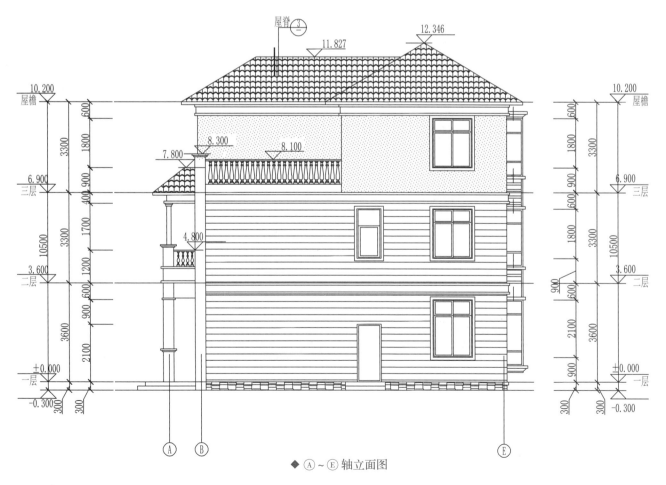

◆ Ⓐ ~ Ⓔ 轴立面图

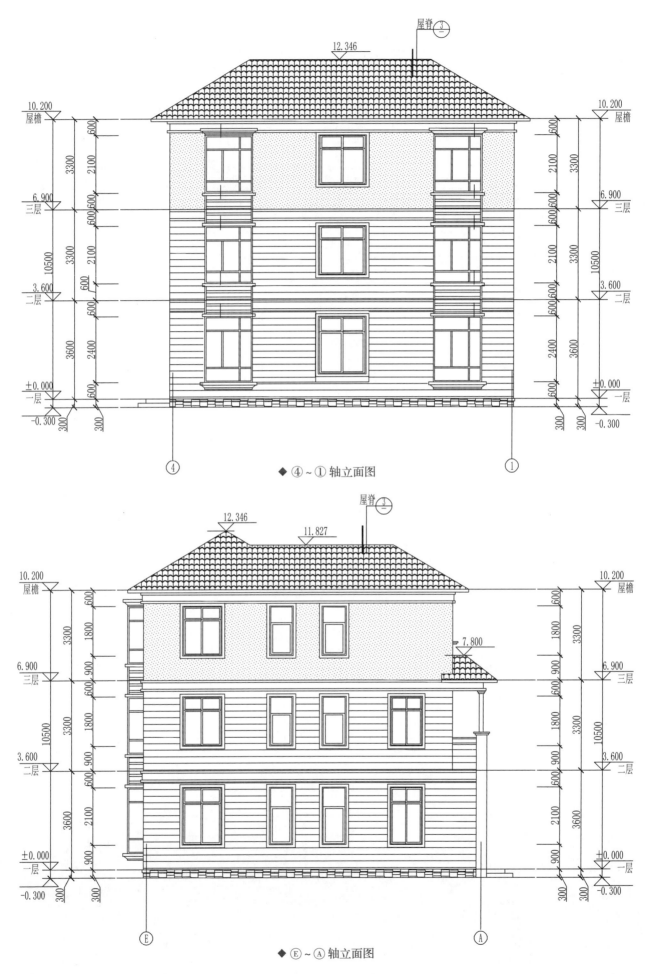

◆ ④~① 轴立面图

◆ Ⓔ~Ⓐ 轴立面图

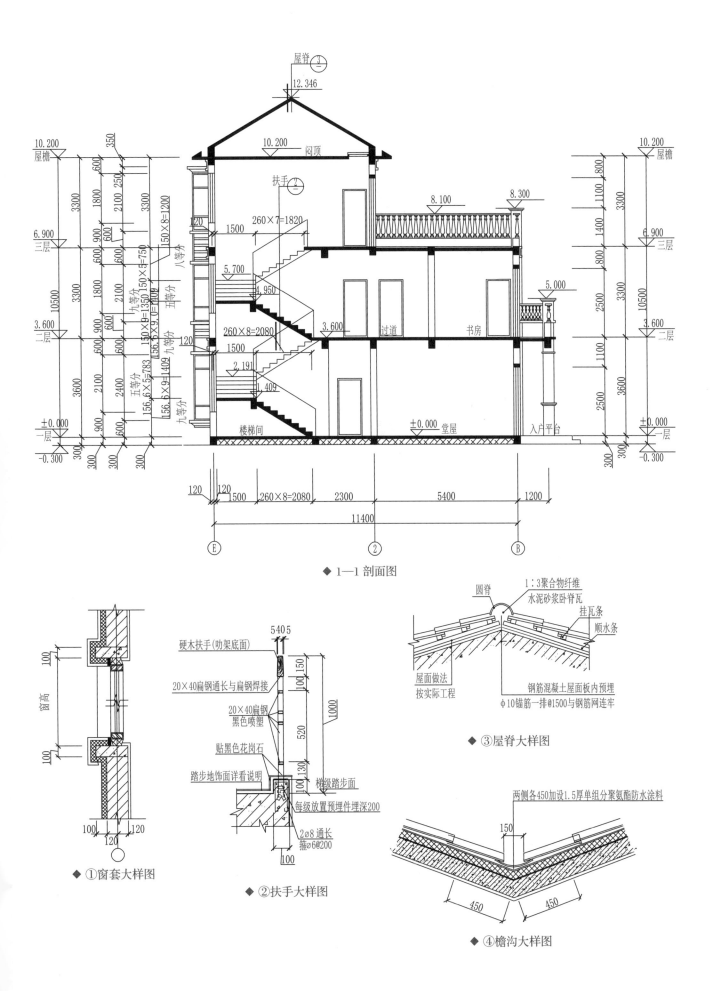

◆ 1—1 剖面图

◆ ①窗套大样图

◆ ②扶手大样图

◆ ③屋脊大样图

◆ ④檐沟大样图

# 方案 32

欧式风格　两层　建筑面积约380m²（本方案效果图见032页）

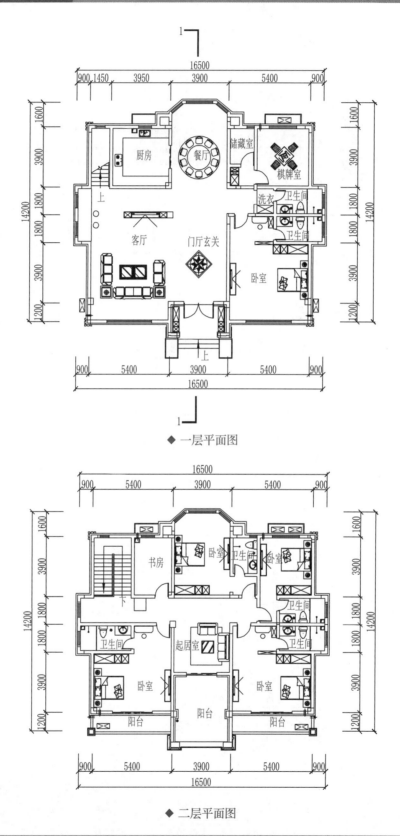

◆ 一层平面图

◆ 二层平面图

## 平面图分析

一层的客厅、餐厅相连，开敞设计，增加了视觉开阔度，增强了空间感。二层以家人起居卧室展开布置，南向房间设计阳台，入户门上方休闲空间，乘凉喝茶提升生活乐趣。

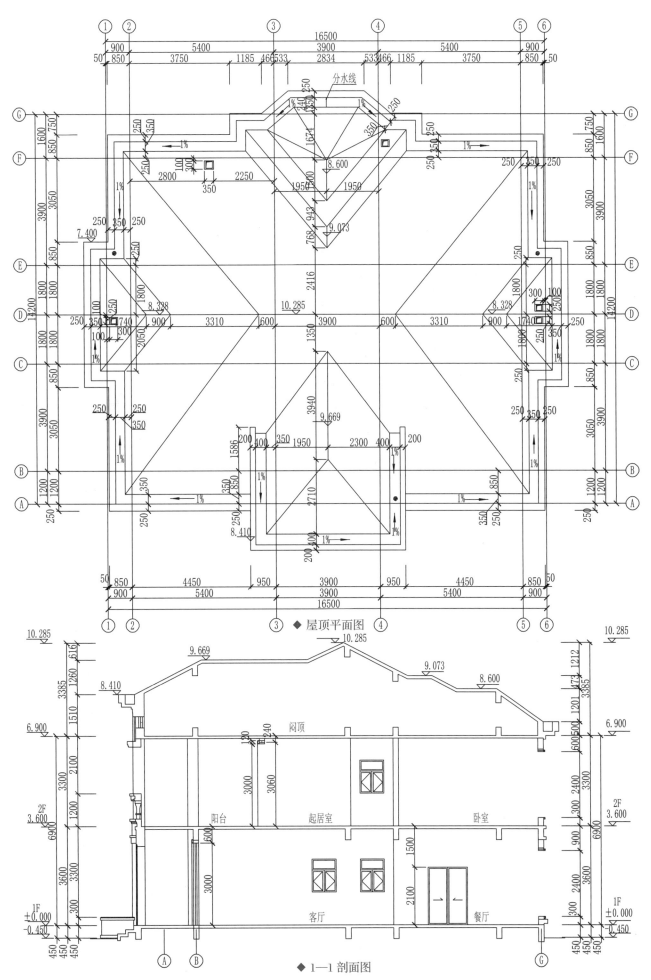

◆ 屋顶平面图

◆ 1—1 剖面图

211

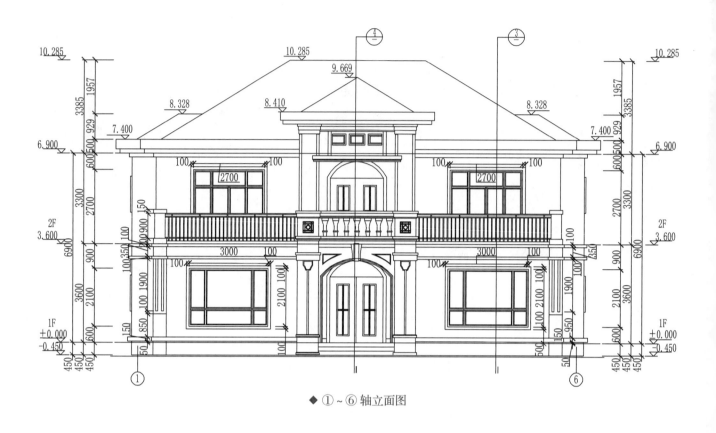

◆ ①～⑥轴立面图

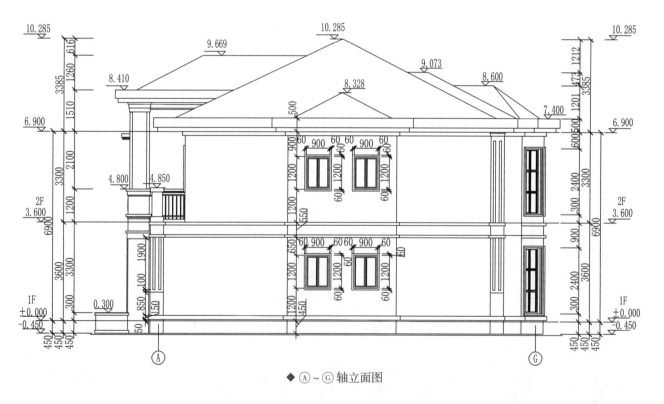

◆ Ⓐ～Ⓖ轴立面图

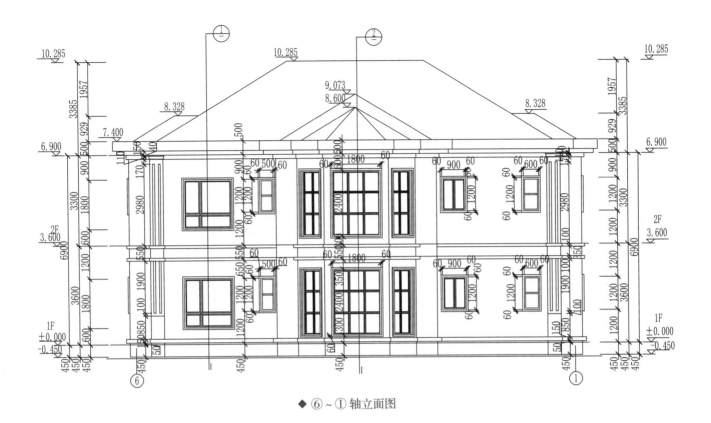

◆ ⑥～① 轴立面图

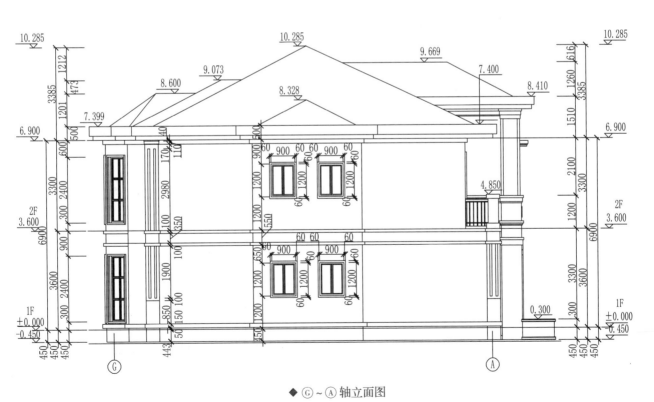

◆ ⑥～Ⓐ 轴立面图

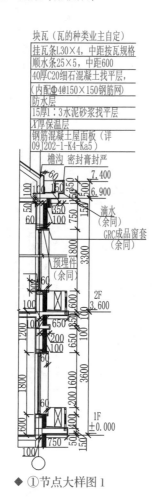

◆ ①节点大样图 1

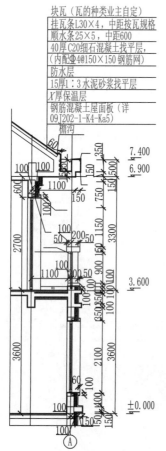

◆ ③节点大样图 3

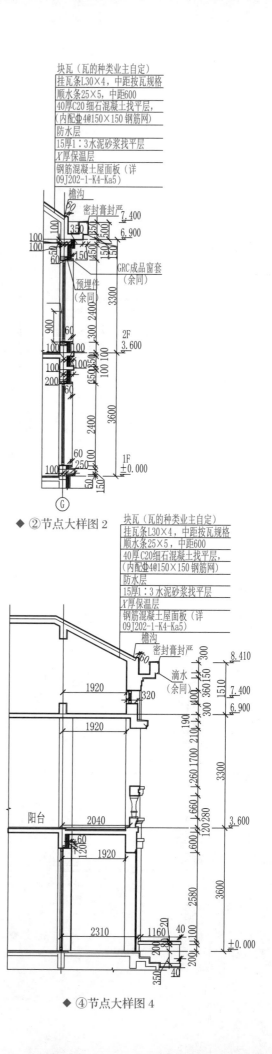

◆ ②节点大样图 2

◆ ④节点大样图 4

# 方案 33

欧式风格  五层  建筑面积约682m²（本方案效果图见033页）

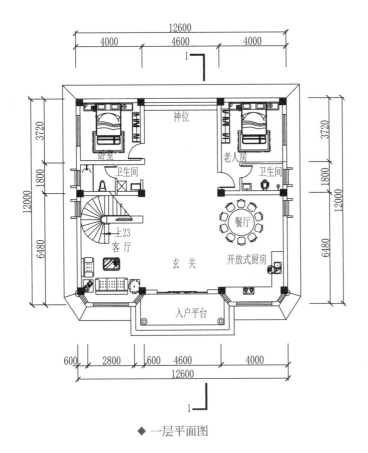

◆ 一层平面图

## 平面图分析

一层的堂屋在进门入户处的正中位置，左右两边为挑空客厅和餐厅，二者相连，增大了视觉空间面积，空间感得到优化；二层主要是作为娱乐层使用，书房、健身房都设计在这一层当中；三层、四层作为主要的居住空间使用，并且分别配有茶室，供主人一家在休息休闲的使用；五层是一个功能备用层，暂无具体的设计及应用，业主可根据实际生活需要加以利用。

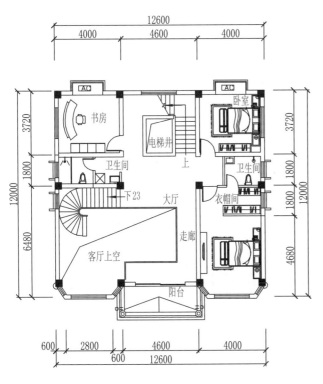

◆ 二层平面图

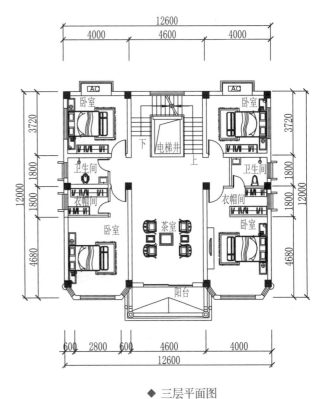

◆ 三层平面图

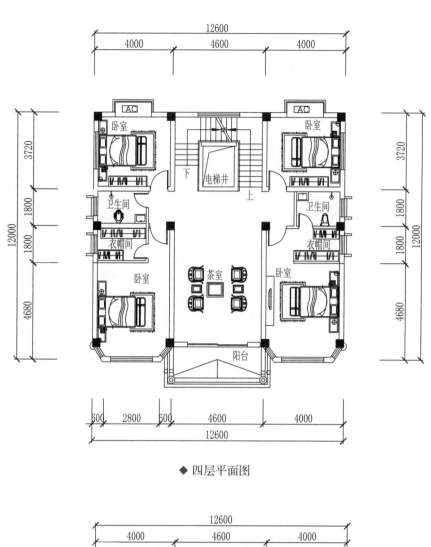

◆ 四层平面图

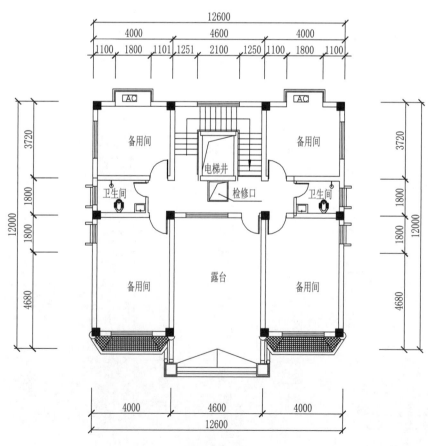

◆ 五层平面图

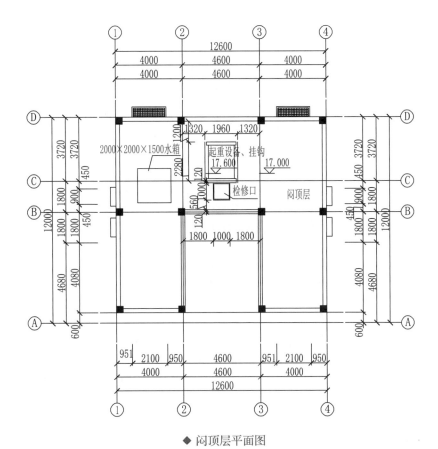

◆ 闷顶层平面图

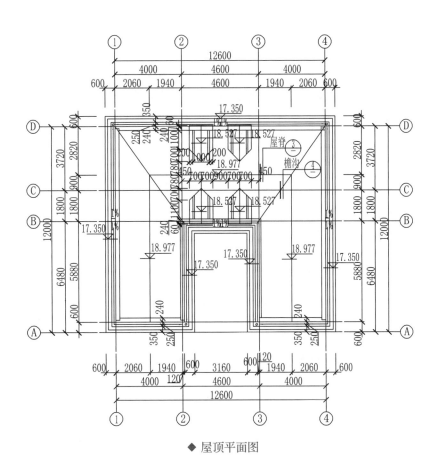

◆ 屋顶平面图

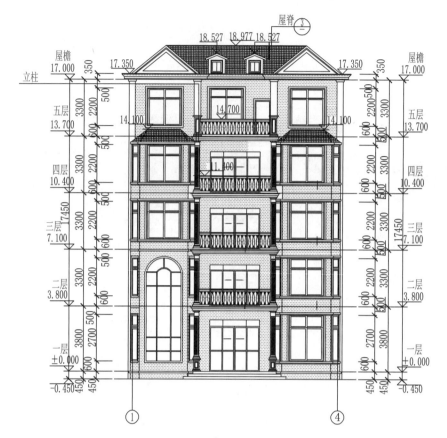

◆ ①～④ 轴立面图

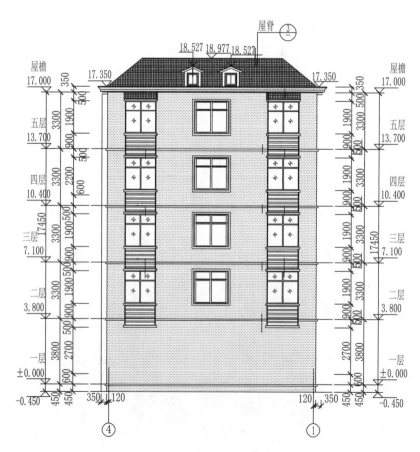

◆ ④～① 轴立面图

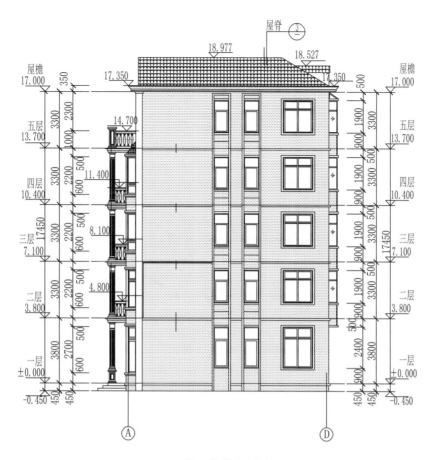

◆ Ⓐ ~ Ⓓ 轴立面图

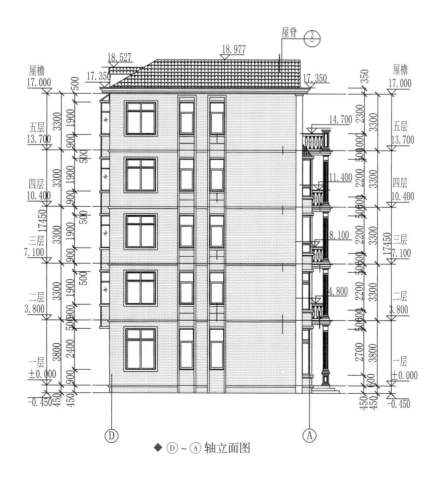

◆ Ⓓ ~ Ⓐ 轴立面图

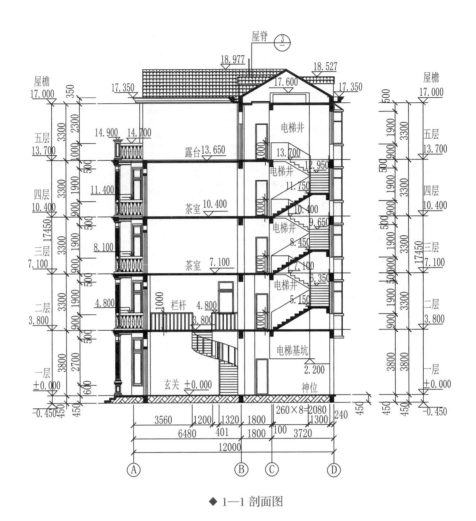

◆ 1—1 剖面图

**①窗套大样图**

**②扶手大样图**

硬木扶手(叻架底面)

20×40扁钢通长与扁钢焊接
20×40扁钢
黑色喷塑

贴黑色花岗石

踏步地饰面详看说明

每级放置预埋件埋深200

2Φ8通长
箍Φ6@200

梯级踏步面

**③屋脊大样图**

圆脊
1:3聚合物纤维
水泥砂浆卧脊瓦
挂瓦条
顺水条

屋面做法
按实际工程

钢筋混凝土屋面板内预埋
Φ锚筋一排@1500与钢筋网连牢

**④檐沟大样图**

两侧各450加设1.5厚单组分聚氨酯防水涂料

# 方案 34

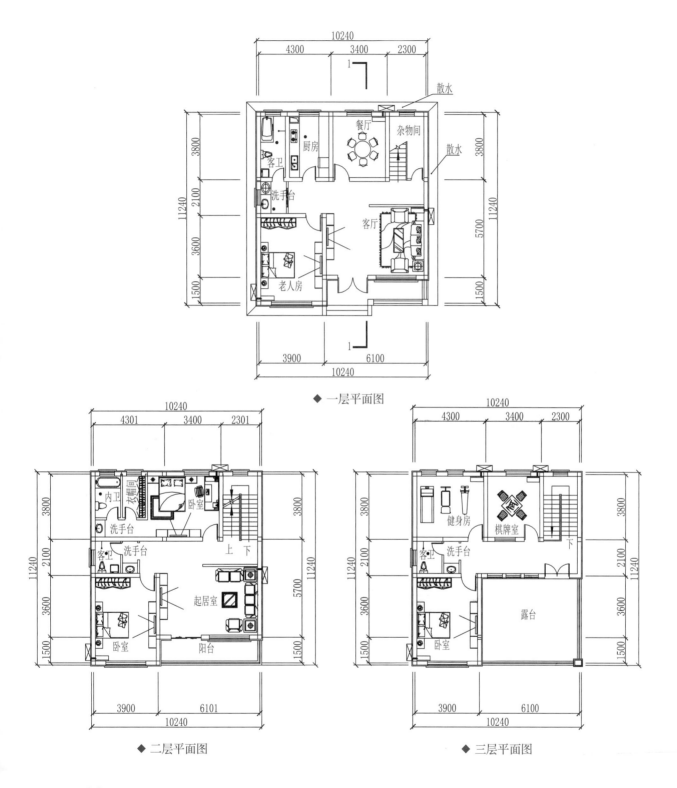

◆ 一层平面图

◆ 二层平面图　　　　　　　　　　◆ 三层平面图

## 平面图分析

一层的户型布局独立性强，客厅、餐厅分开，各个空间互不干扰；二层的主人房是一个大套房，配备衣帽间以及干湿分离的卫生间，居住品质感悄然提升；三层设有健身房、棋牌室，丰富主人一家的娱乐生活。

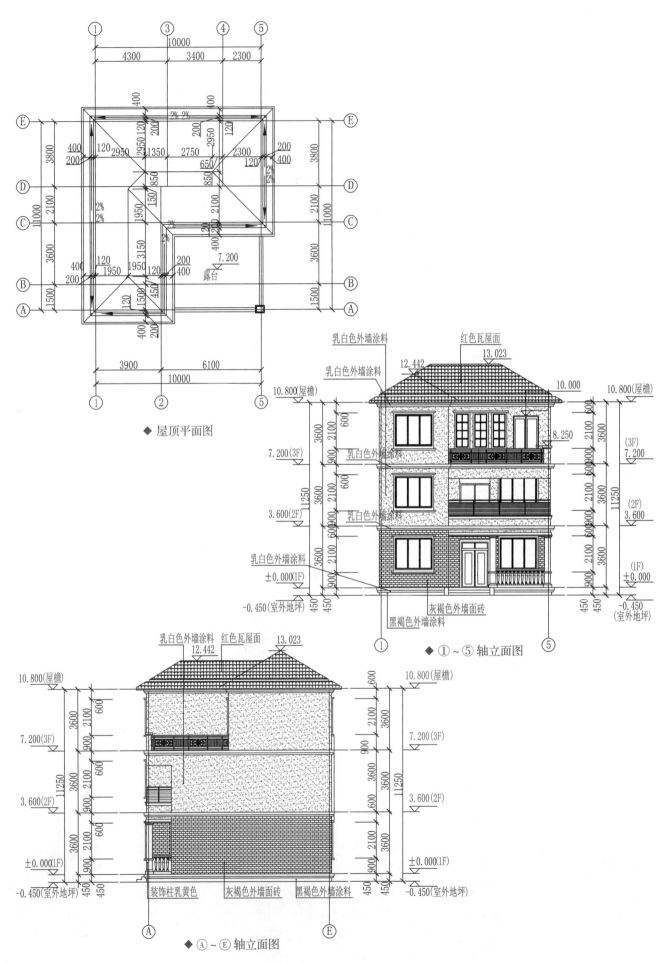

◆ 屋顶平面图

◆ ①~⑤轴立面图

◆ Ⓐ~Ⓔ轴立面图

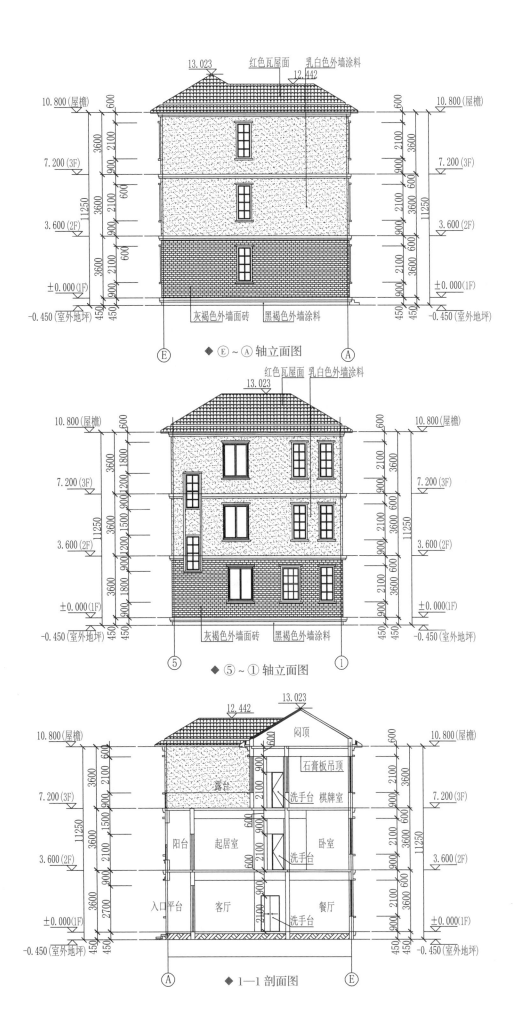

13.023　红色瓦屋面　乳白色外墙涂料
12.442

10.800(屋檐)　600

7.200(3F)

3.600(2F)　11250

±0.000(1F)

-0.450(室外地坪)　450　450

灰褐色外墙面砖　黑褐色外墙涂料

◆ Ⓔ~Ⓐ轴立面图

Ⓔ　Ⓐ

红色瓦屋面　乳白色外墙涂料
13.023

10.800(屋檐)　600

7.200(3F)

3.600(2F)　11250

±0.000(1F)

-0.450(室外地坪)　450　450

灰褐色外墙面砖　黑褐色外墙涂料

◆ ⑤~①轴立面图

⑤　①

12.442　13.023

10.800(屋檐)　600

闷顶
露台
石膏板吊顶
洗手台　棋牌室

7.200(3F)

阳台　起居室　卧室
洗手台

3.600(2F)　11250

入口平台　客厅　餐厅
洗手台

±0.000(1F)

-0.450(室外地坪)　450　450

Ⓐ　◆ 1—1剖面图　Ⓔ

# 方案35

欧式风格 三层 建筑面积约438m²（本方案效果图见035页）

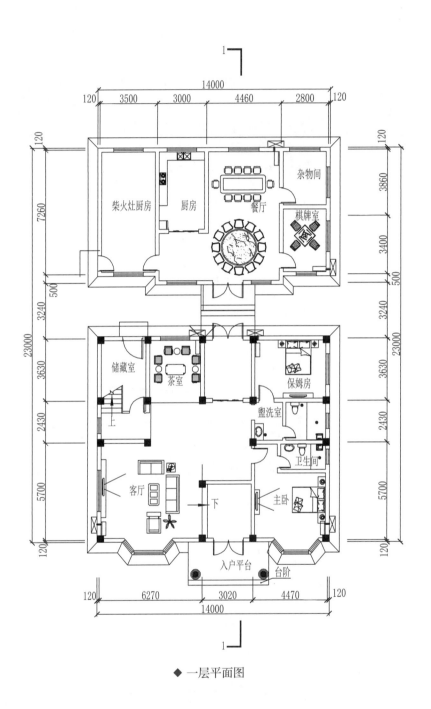

◆ 一层平面图

## 平面图分析

为满足业主所需，柴火房厨房独立于主体别墅。本方案共设有7个卧室，居住空间充足，家庭聚会其乐融融。一层的户型非常考究，入户玄关，挑空大客厅，老人房配有独立卫生间，棋牌室也独立于主体别墅与厨房设计在一起避免干扰，各处各细节，均体现着空间的品质感。二层、三层单独设计了客厅起居室，方便人多的时候待客和日常起居，且主卧都配有独立卫生间，私密性好，也舒适方便。书房设计在三层，最大限度地减少干扰，给居住者一个安静的阅读学习环境。

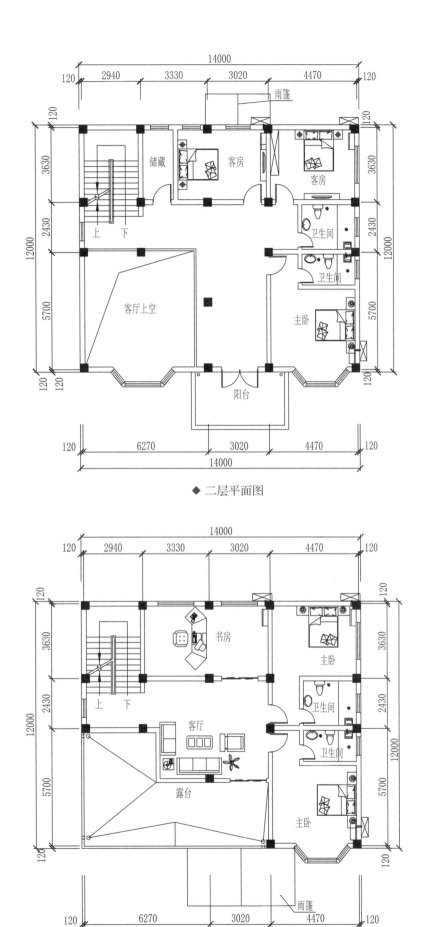

◆ 二层平面图

◆ 三层平面图

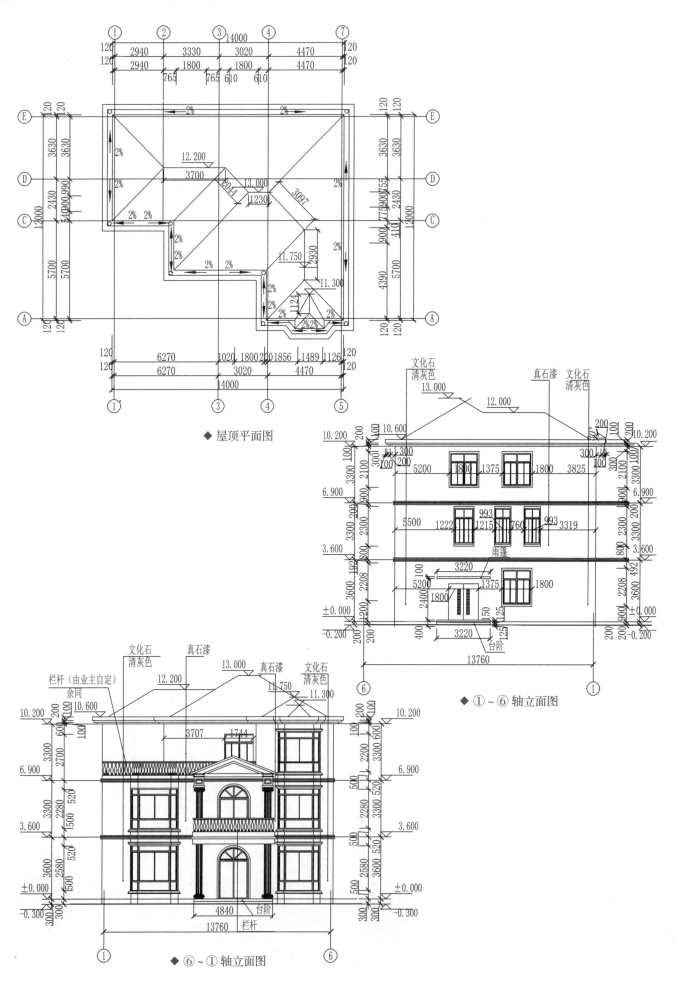

◆ 屋顶平面图

◆ ①~⑥ 轴立面图

◆ ⑥~① 轴立面图

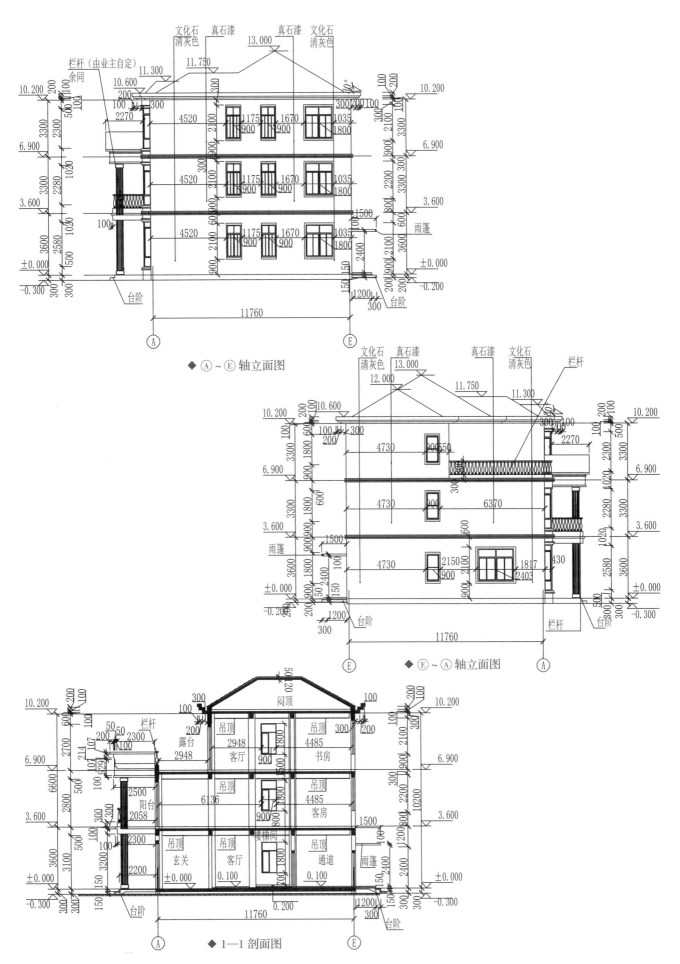

◆ Ⓐ～Ⓔ 轴立面图

◆ Ⓔ～Ⓐ 轴立面图

◆ 1—1 剖面图

# 方案 36

欧式风格　两层　建筑面积约221m²（本方案效果图见036页）

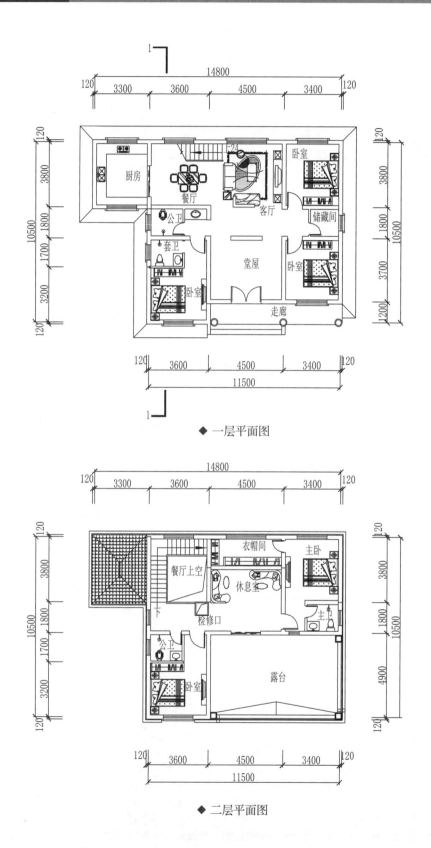

◆ 一层平面图

◆ 二层平面图

## 平面图分析

一层、二层卧室的数量较多，方便一家几代人居住以及招待亲朋好友。

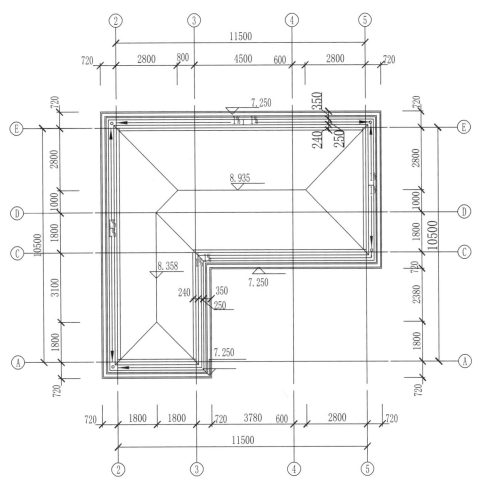

◆ 屋顶平面图

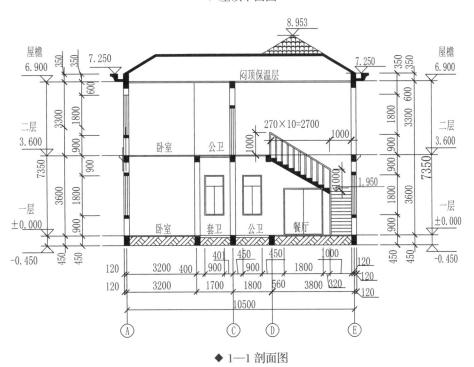

◆ 1—1 剖面图

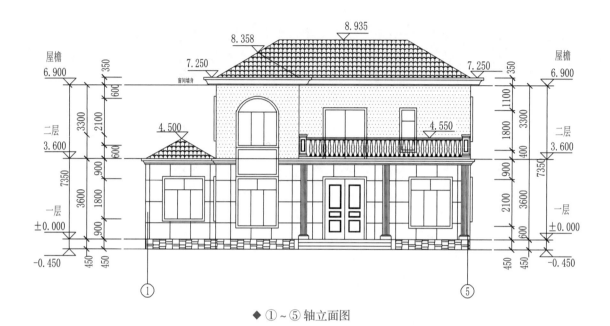

◆ ① ~ ⑤ 轴立面图

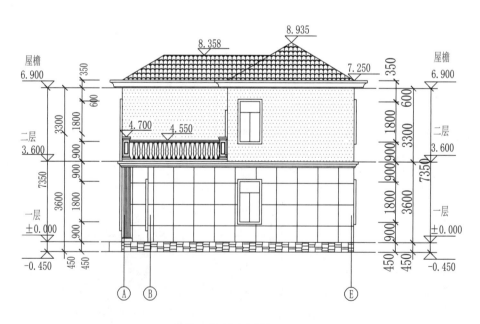

◆ Ⓐ ~ Ⓔ 轴立面图

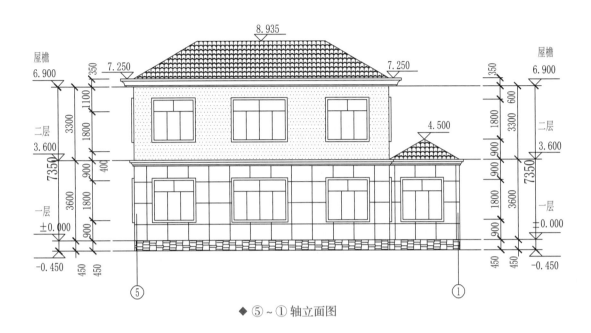

◆ ⑤～① 轴立面图

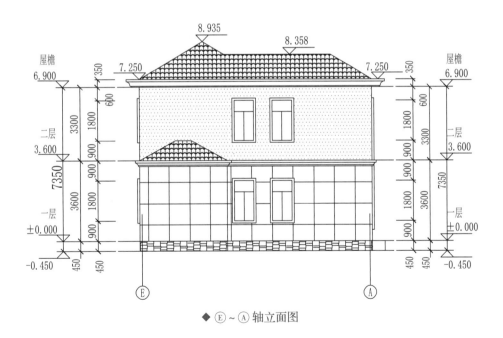

◆ Ⓔ～Ⓐ 轴立面图

# 方案 37

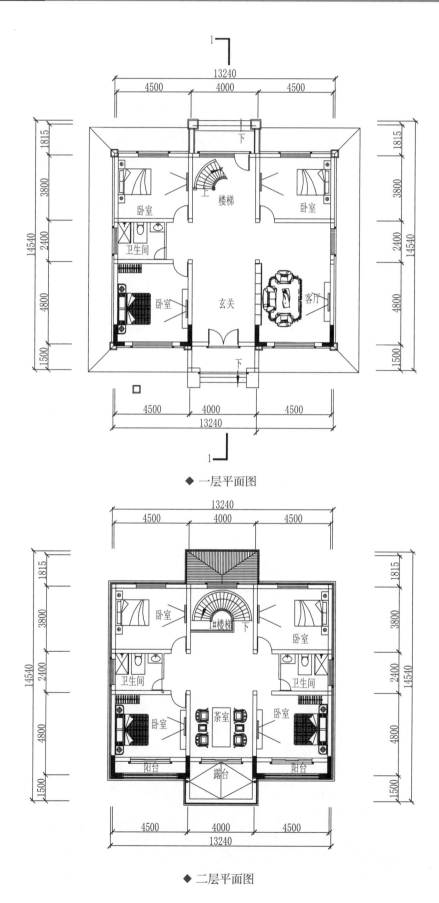

◆ 一层平面图

◆ 二层平面图

## 平面图分析

一层、二层的空间设计较为简洁，以卧室为主，可满足居住者的使用需求。

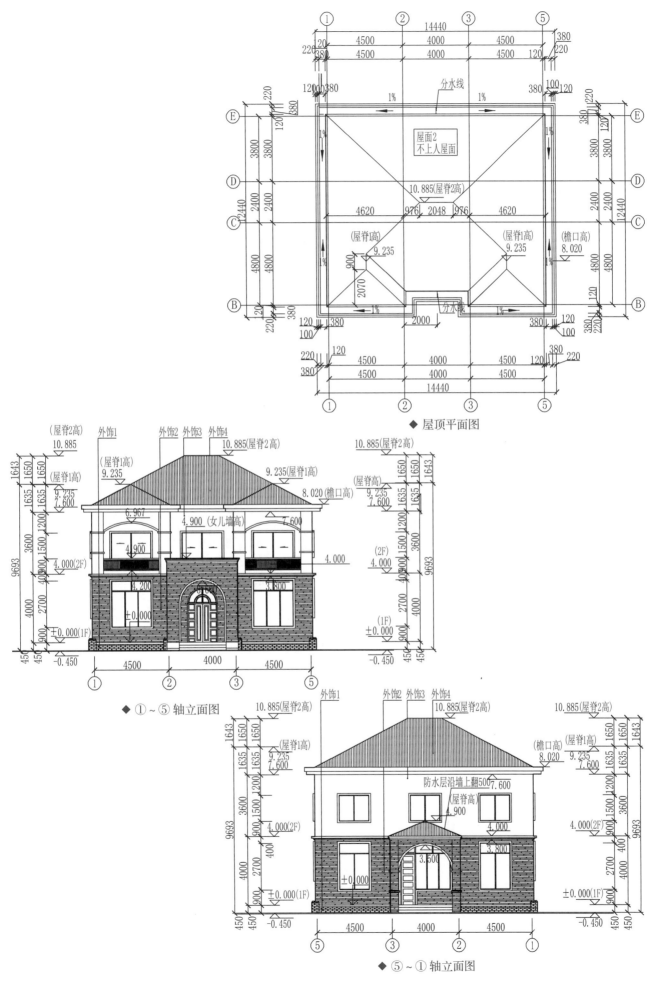

◆ 屋顶平面图

◆ ①～⑤ 轴立面图

◆ ⑤～① 轴立面图

233

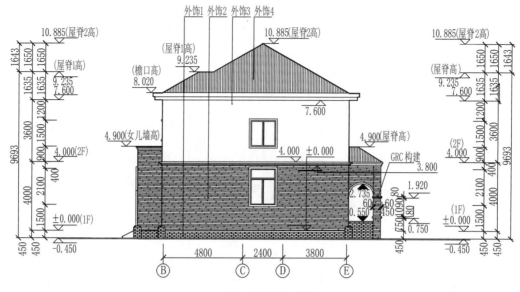

◆ Ⓑ ~ Ⓔ 轴立面图

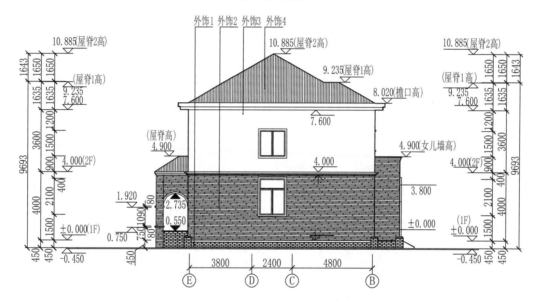

◆ Ⓔ ~ Ⓑ 轴立面图

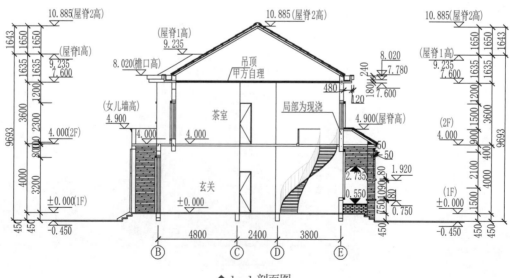

◆ 1—1 剖面图

# 方案 38

欧式风格 三层 建筑面积约 289m² (本方案效果图见 038 页)

## 平面图分析

一层主要为客、餐厅以及厨卫空间，二、三层则以卧室居多。这样进行户型设计，可以很好地区分了居住者日常活动，合理且人性化。

11500
3000　4500　4000

600宽散水

3160

厨房
餐厅
卧室

2640

卫生间

上

11800

4200

堂屋
客厅

1800

下3

3000　4500　4000
11500

◆ 一层平面图

11500
3000　4500　4000

3160

露台
卧室
卧室

2640

下
上
卫生间

11800

4200

主卧室
卧室

1800

阳台

3000　4500　4000
11500

◆ 二层平面图

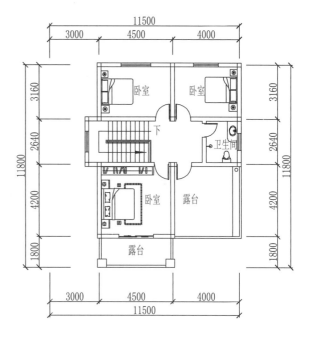

11500
3000　4500　4000

3160

卧室
卧室

2640

下
卫生间

11800

4200

卧室
露台

1800

露台

3000　4500　4000
11500

◆ 三层平面图

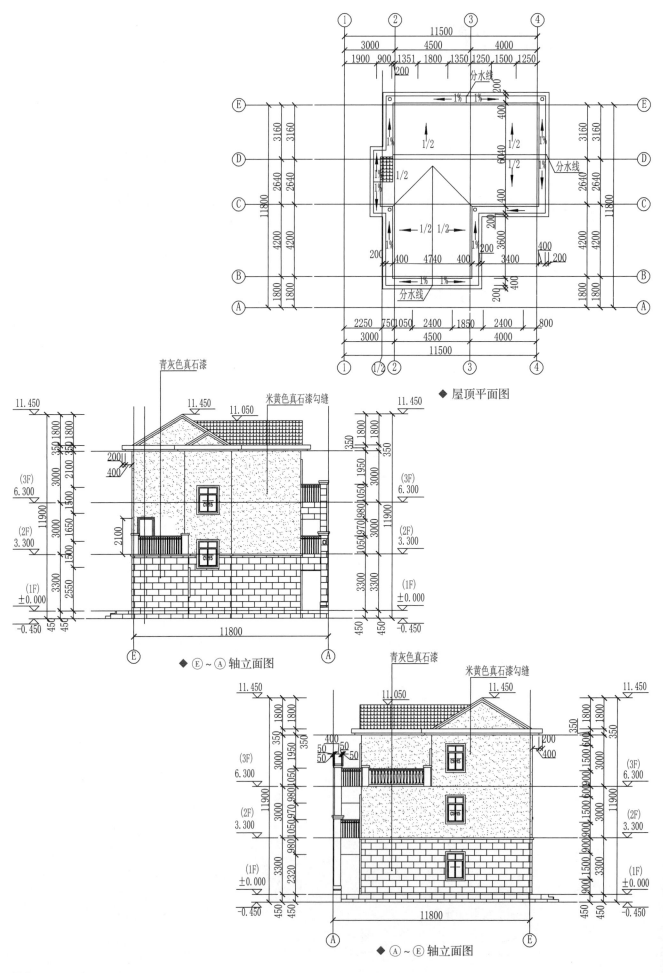

◆ 屋顶平面图

◆ E～A轴立面图

◆ A～E轴立面图

青灰色真石漆

米黄色真石漆勾缝

分水线

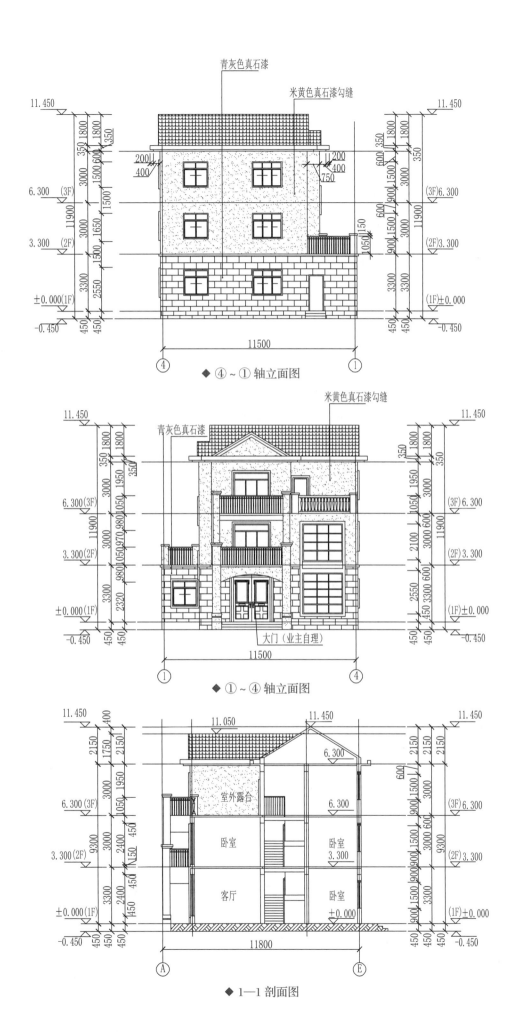

青灰色真石漆

米黄色真石漆勾缝

◆ ④～① 轴立面图

米黄色真石漆勾缝

青灰色真石漆

大门（业主自理）

◆ ①～④ 轴立面图

室外露台

卧室

卧室

客厅

卧室

◆ 1—1 剖面图

# 方案 39

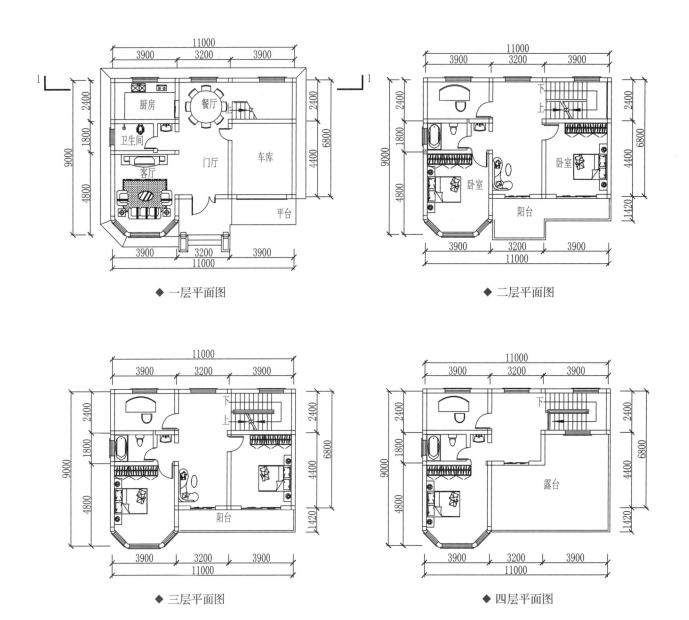

◆ 一层平面图

◆ 二层平面图

◆ 三层平面图

◆ 四层平面图

## 平面图分析

有阳台，有露台，有多边形采光窗，丰富立面形态的同时也优化了居住感受。

一层、二层的布局紧凑，但舒适度高，主要的房间，如一层客厅、二层以上的主卧，全部带有多边形采光窗，充分采光并优化视野，开阔舒适。

楼层之间私密性好，一层为起居待客空间，二层以上为居住空间。

二、三层设有小的起居室，每个楼层都形成一个独立的起居空间，三代人居住在一起互不影响。四层设计，但层与层之间的建筑结构上下对齐，降低了施工难度，适合农村建造。

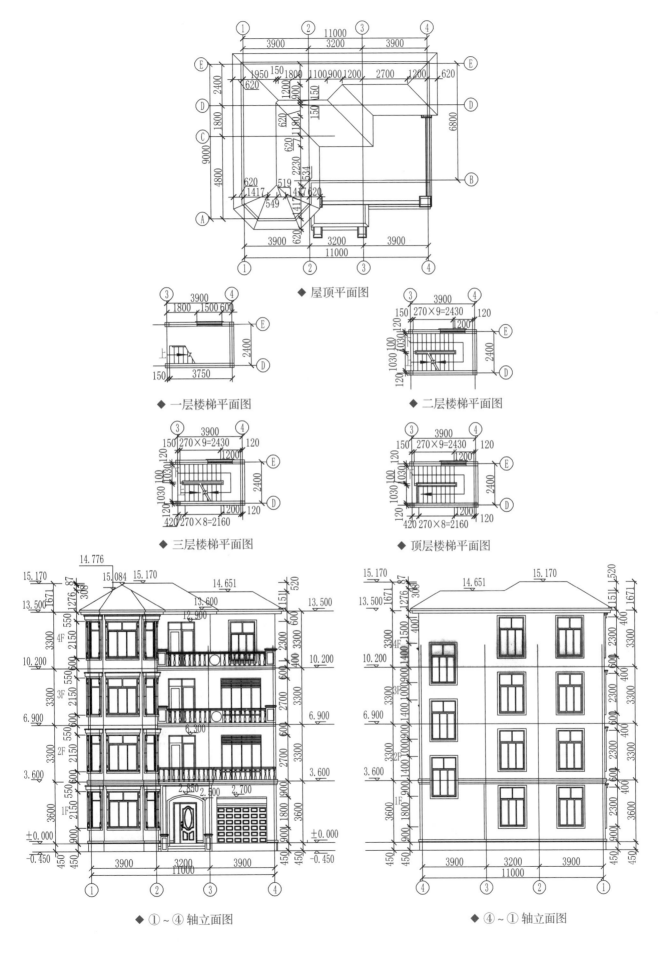

◆ 屋顶平面图

◆ 一层楼梯平面图

◆ 二层楼梯平面图

◆ 三层楼梯平面图

◆ 顶层楼梯平面图

◆ ①~④轴立面图

◆ ④~①轴立面图

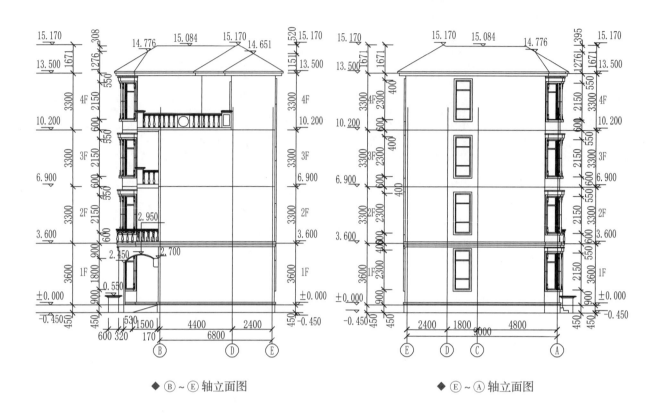

◆ Ⓑ～Ⓔ轴立面图

◆ Ⓔ～Ⓐ轴立面图

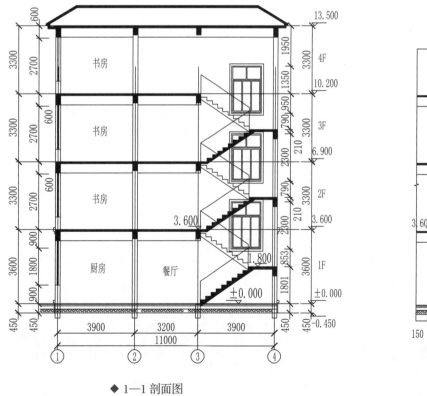

◆ 1—1剖面图

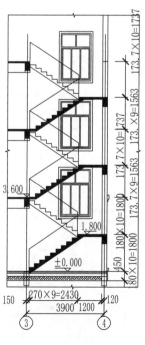

◆ 楼梯详图

# 方案 40

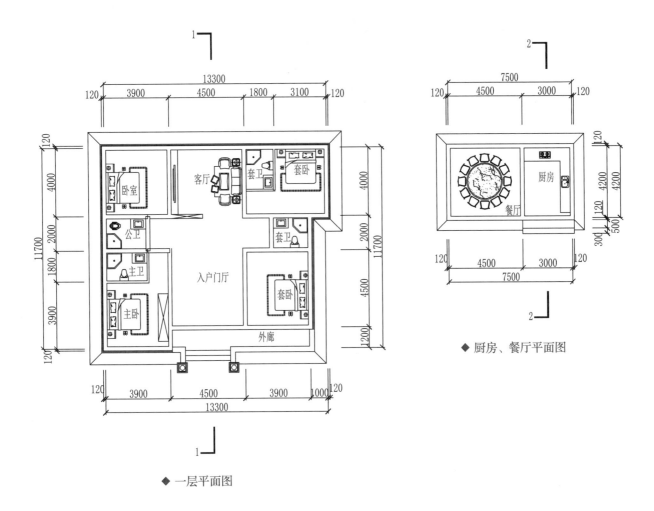

◆ 一层平面图

◆ 厨房、餐厅平面图

## 平面图分析

客厅与餐厅相连，空间更加通透开阔，连通性也更好。主卧、套卧都有独立卫生间，起居生活更加便捷，私密性也好。

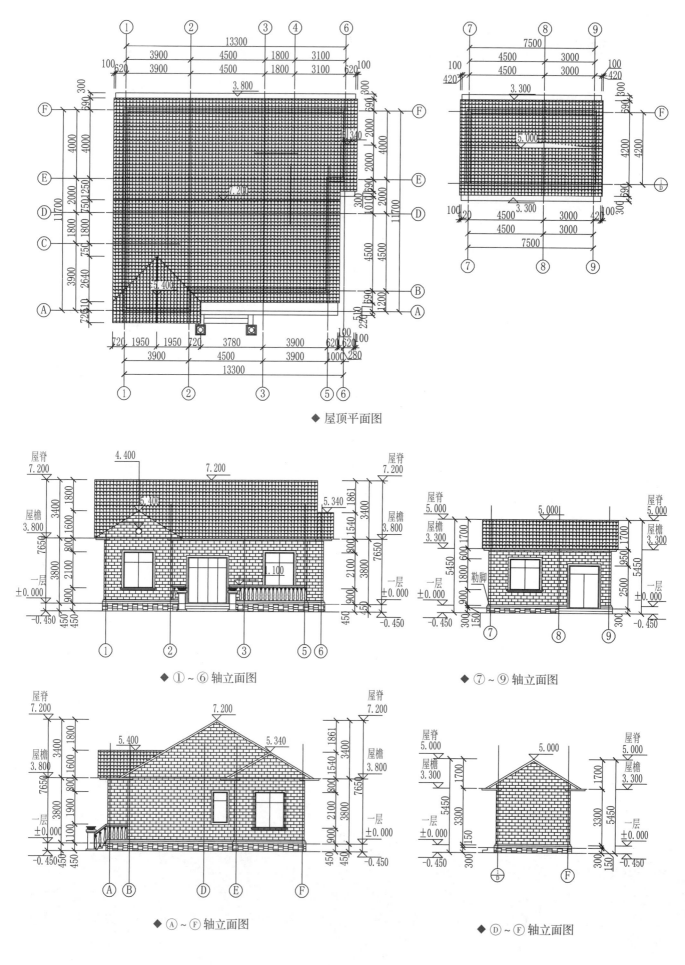

◆ 屋顶平面图

◆ ①~⑥轴立面图

◆ ⑦~⑨轴立面图

◆ Ⓐ~Ⓕ轴立面图

◆ Ⓓ~Ⓕ轴立面图

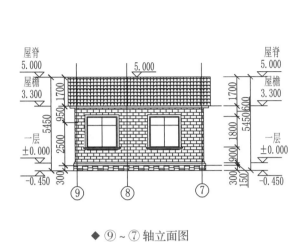

◆ ⑨~⑦轴立面图

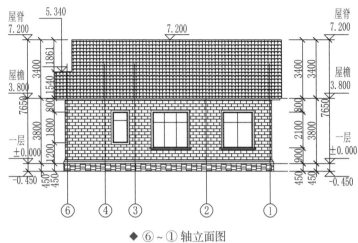

◆ ⑥~①轴立面图

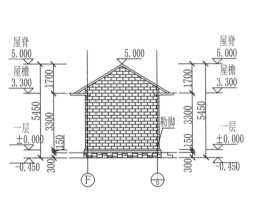

◆ Ⓕ~Ⓓ轴立面图

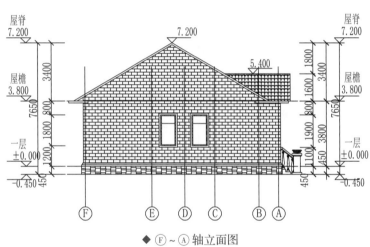

◆ Ⓕ~Ⓐ轴立面图

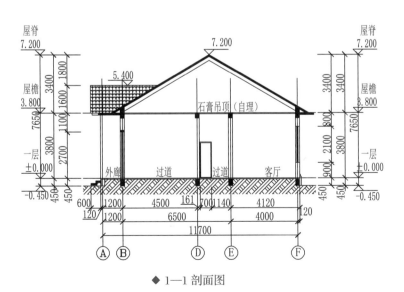

◆ 1—1 剖面图

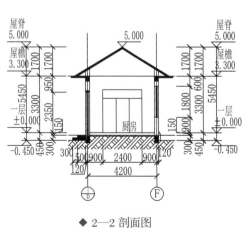

◆ 2—2 剖面图

# 方案 41

欧式风格　两层　建筑面积约 208m²（本方案效果图见 041 页）

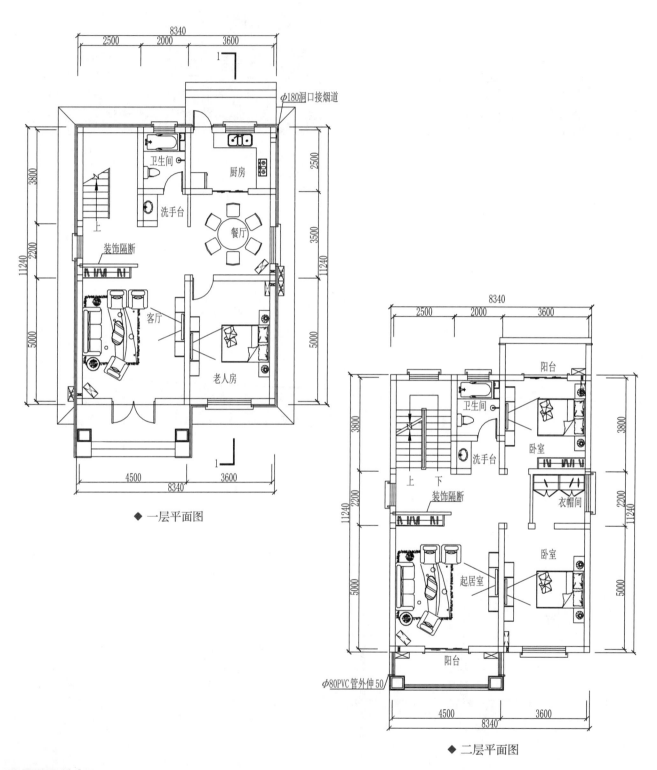

◆ 一层平面图

◆ 二层平面图

## 平面图分析

一层、二层布局少有连通，彼此独立；二层的楼梯还设计了隔断，优化了私密性。每层一个卫生间，并且均为干湿分离，实用合理。三层超大的平顶露台，晾晒休闲，充分满足业主所需。

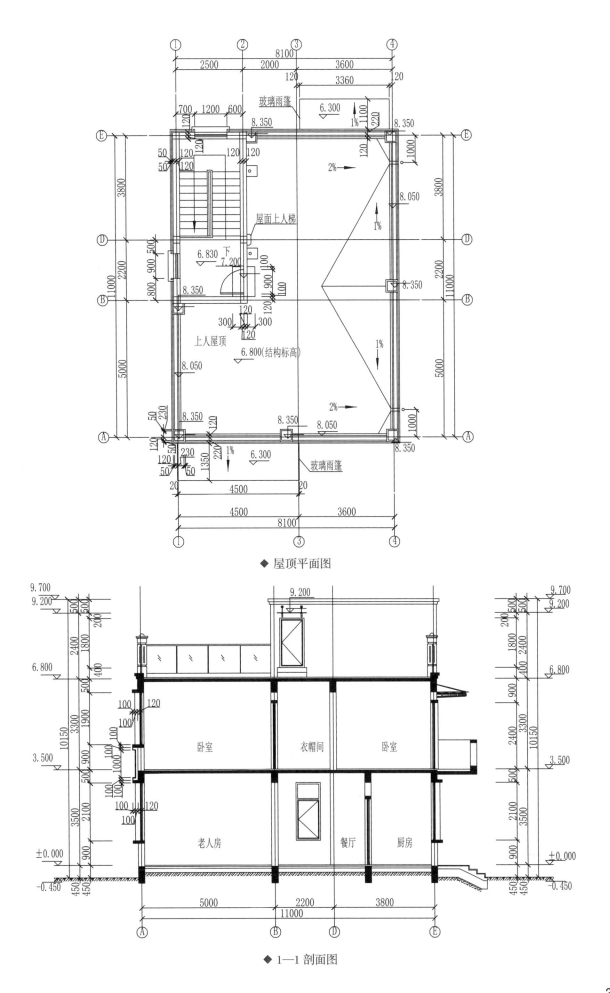

◆ 屋顶平面图

◆ 1—1 剖面图

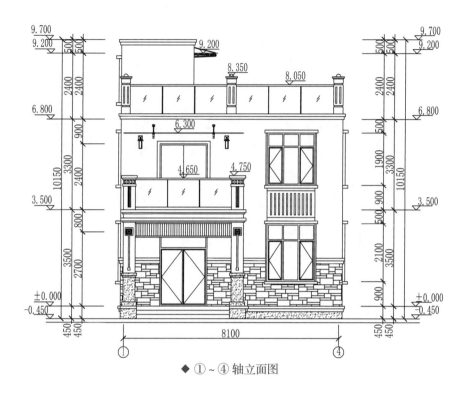

◆ ①～④轴立面图

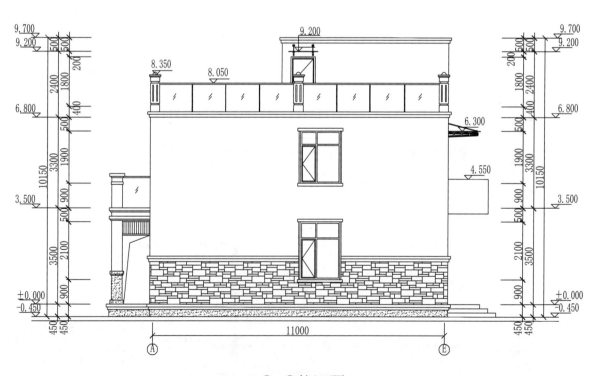

◆ Ⓐ～Ⓔ轴立面图

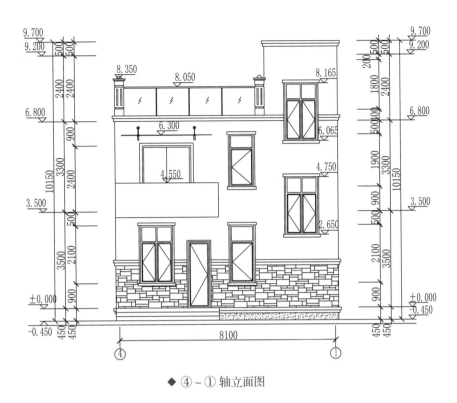

◆ ④～① 轴立面图

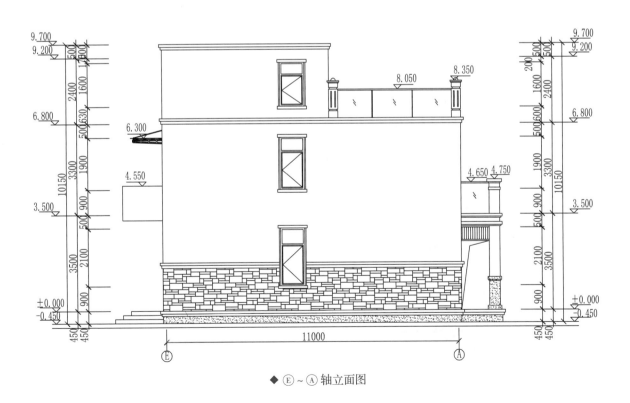

◆ Ⓔ～Ⓐ 轴立面图

# 方案 42

欧式风格　三层　建筑面积约279m²（本方案效果图见042页）

## 平面图分析

一层的挑空客厅大气通透，视野开阔；二层、三层分别设有卧室和套房，面积宽敞，居住体验感好。三层主卧带有书房，在书房顶设置了平顶露台便于放置水塔，满足了业主提出的特殊需要；多层次的阳台露台，使得整个房间极具层次感，采光良好。

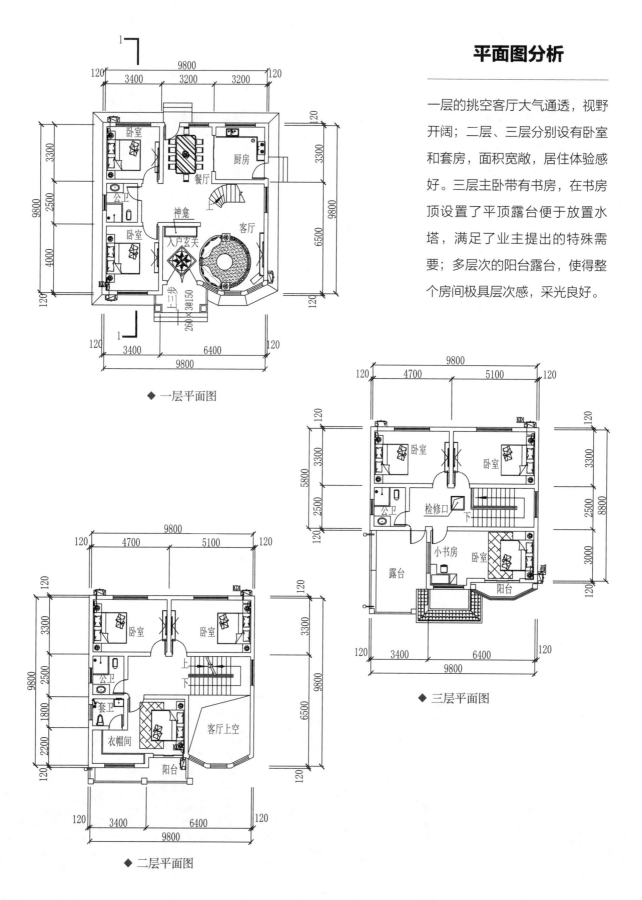

◆ 一层平面图

◆ 三层平面图

◆ 二层平面图

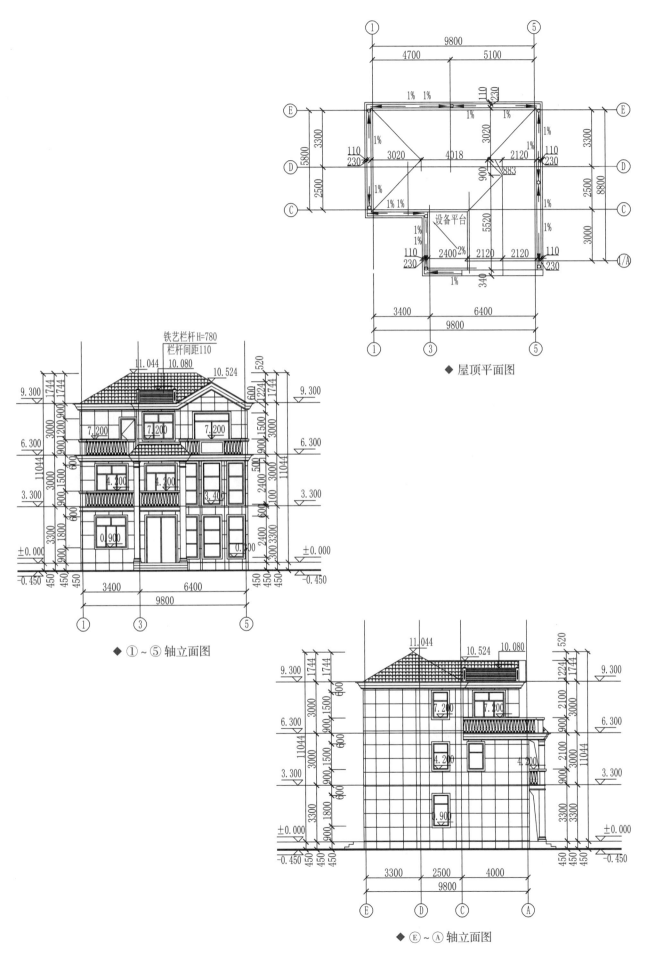

◆ 屋顶平面图

◆ ①~⑤轴立面图

铁艺栏杆H=780
栏杆间距110

◆ ⑤~Ⓐ轴立面图

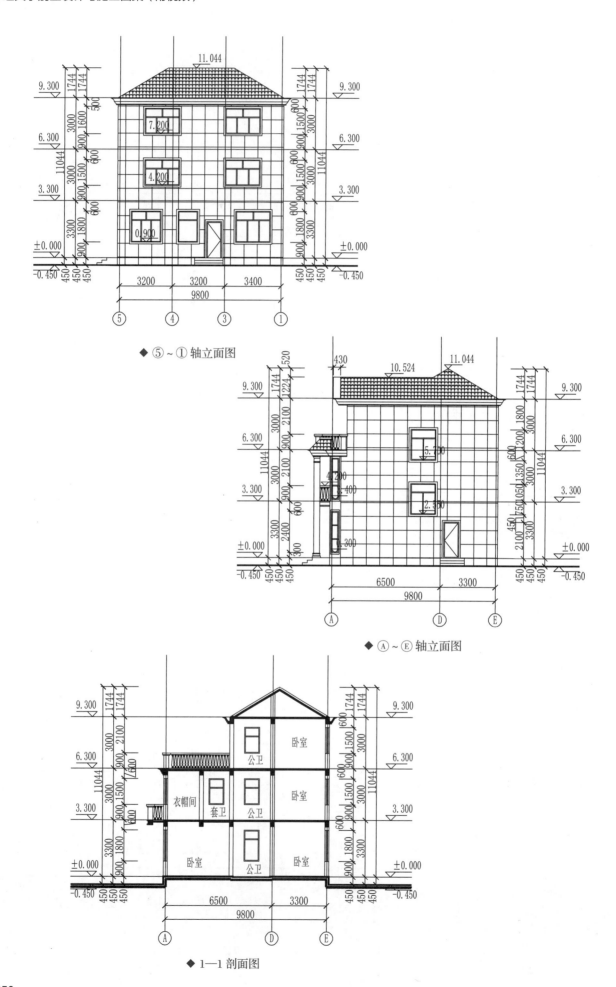

◆ ⑤~① 轴立面图

◆ Ⓐ~Ⓔ 轴立面图

◆ 1—1 剖面图